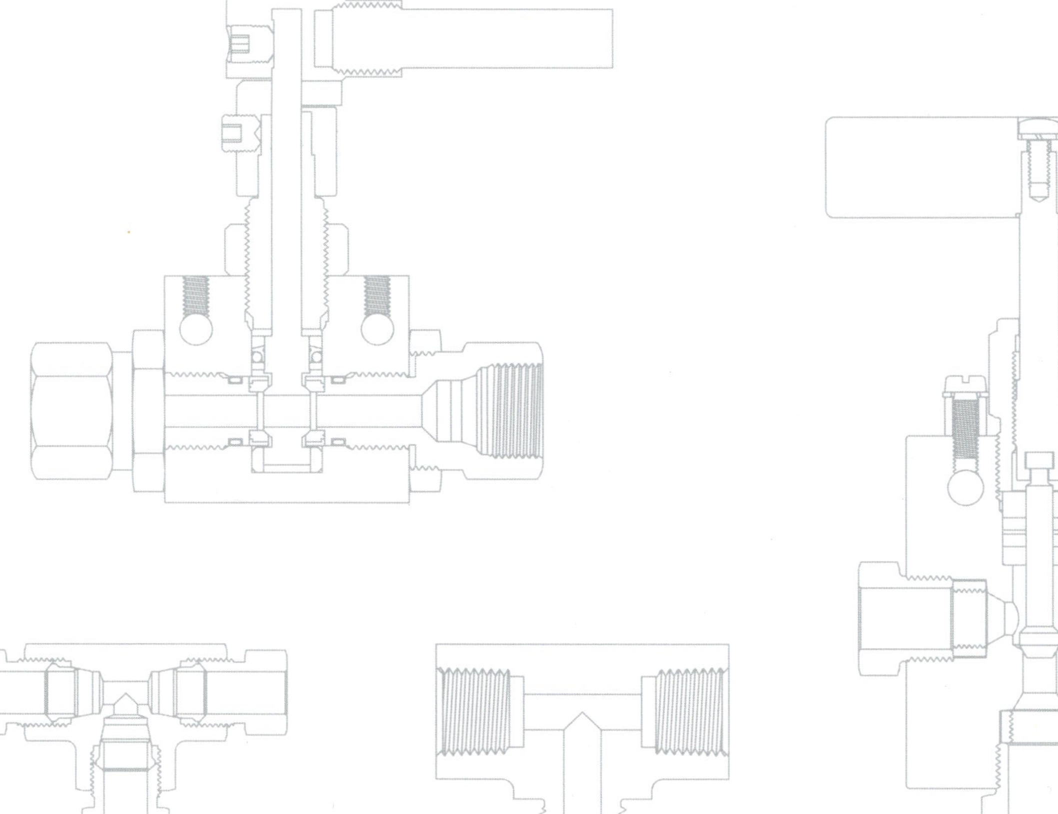

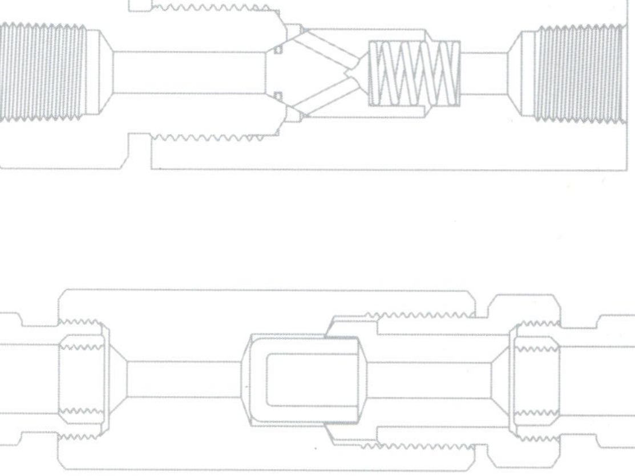

FITOK

Valves and Fittings

For High Pressure

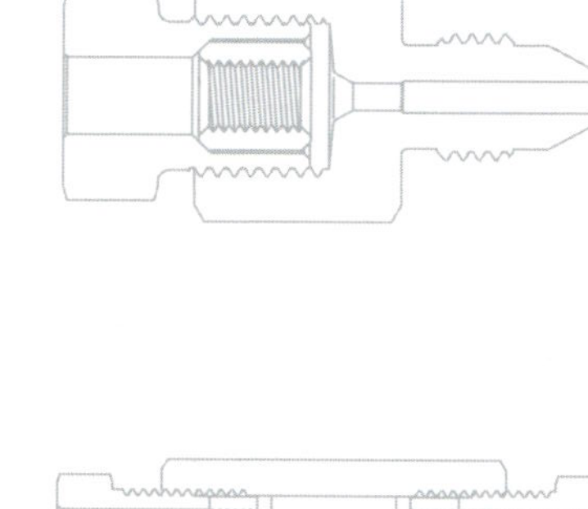

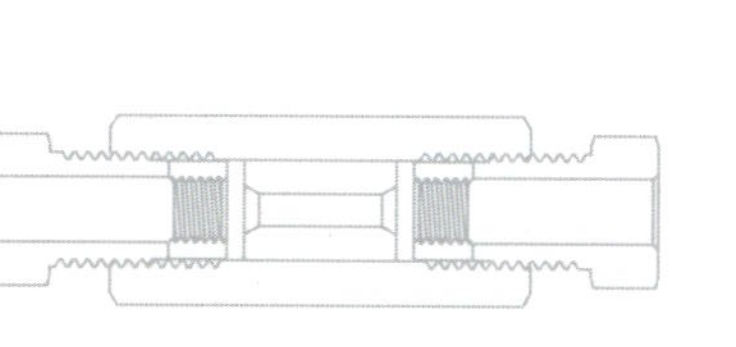

一个城市的幸福
家设计

星艺装饰文化传媒中心 编著

暨南大学出版社
JINAN UNIVERSITY PRESS

中国 · 广州

图书在版编目（CIP）数据

一个城市的幸福·家设计 / 星艺装饰文化传媒中心编著. —广州：暨南大学出版社，2014.3
ISBN 978 - 7 - 5668 - 0781 - 6

Ⅰ.①一… Ⅱ.①星… Ⅲ.①住宅—室内装饰设计—图集 Ⅳ.①TU241-64

中国版本图书馆 CIP 数据核字（2013）第 228910 号

出版发行：暨南大学出版社

地　址：中国广州暨南大学
电　话：总编室（8620） 85221601
　　　　营销部（8620） 85225284 85228291 85228292（邮购）
传　真：（8620） 85221583（办公室） 85223774（营销部）
邮　编：510630
网　址：http://www.jnupress.com http://press.jnu.edu.cn

排　版：弓设计
印　刷：深圳市新联美术印刷有限公司

开　本：625mm×950mm 1/16
印　张：9.125
字　数：175 千
版　次：2014 年 3 月第 1 版
印　次：2014 年 3 月第 1 次

定　价：198.00 元

设计幸福　播种快乐

Creat Happiness and Deliver Joy

蒲公英的境界：不择地域，自由自在，不娇不媚，药用食用皆可，春发美姿质，秋英播四野。

舒适与幸福是空间设计的目的，舒适就快乐，快乐即幸福。牡丹般雍容华贵、艳丽多彩的空间设计让人幸福快乐，蒲公英般平凡清新、舒适温馨的空间设计同样让人快乐幸福。

上周在伦敦换了个居所，虽也与先前租住近两年的居所面积差不多，但新居所由自己设计，布置得有清新、轻松的艺术美感，因而平添了几分舒适、快乐的生活情趣。我喜欢把艺术与生活、与生命、与阳光、与轻松糅于一起，也乐于留更多空间供未来生活扩充之用或以备不时之需。生活空间尽量不摆纯收藏品，我不喜欢摆放自己内心生活不需要的东西，即使是价值连城之物。我也不喜欢栽种难以伺候的花草树木，因为不轻松、不自如就不幸福了。设计依循生活与心身需求是我不变的原则：设计幸福，快乐在其中。

新居所是座小别墅，比原先居所多了前、后院，有花有树有草地，还有了一个小憩处，休闲椅桌摆放其间。有了这个享身悦心的小憩处，我顿觉幸福了许多，神定了许多。这不，撰写本文时，我正是于此开启思绪，把设计话题引向大自然的。

伦敦的居所大多有庭院。虽然在这个小庭院才住上一周，但我对院中自然存在的花木已多番观察与研究。眼下正逢秋季，院中几株月季花，已经萎败凋零，先前住户种的夏季瓜菜也只见残蔓黄叶，唯有草地上的蒲公英仍在欢快地开放着。小院草坪不大，四十平方米左右，其间开着金黄小花的蒲公英当有上百株，有的正顶着球状白色花絮在微风中摇曳，不时地随风飘扬，飞出一支支小伞状种粒。稍不留神，花絮飞尽，只剩下光秆，像秃了头的红缨枪。光尽的秆，在秋风秋雨中慢慢变枯泛黄，但它依然坚挺着，似乎在等待飞离的种子们扎根了土地，孕育出新生命后才终结生命，泥化归土。这应该就是哲学家们常描述的悲壮美丽吧。与辣椒、豆角或葱、蒜等蔬菜植物需要年年播种不同，蒲公英系多年生草本植物，随风飘落，自我繁衍，扎根一处，便能自在生长、繁殖多年。

蒲公英单独欣赏，很漂亮，但如果在牡丹、月季、兰花等名贵的花卉面前，就难以引人注目，其花朵也小得令人心怜。我想，院中的月季开放起来肯定是十分艳丽的，可这小小的蒲公英，却让我沉醉于眼前。我相信许多人跟我一样，对花色的深刻记忆不一定是牡丹、月季、兰花等名贵的花卉，而是这名不见经传的蒲公英。随遇而安，心安即吾乡，正是因为蒲公英这种不拘泥于俗约的自由自在的品质，才赢得我们的关注和喜爱，我们对生活方式的追求与向往，不正是如此吗？

大自然就是这么自然而然地把蒲公英设计创造得美丽又如此平凡朴实、谦逊又如此自由飘逸。她生长庭院不拘泥，伫立路边不卑下，居山栖坡不艳不俗、不亢不卑。我在想，人类应当没有不喜欢蒲公英这般自然天成的大美的吧！我们的设计人应当向大自然这位设计大师学习，在家居空间的设计上，既要有蒲公英般的清新自然，又要有蒲公英般的亲和自在。

设计人是什么？就是蒲公英那挺立的花秆，使命昭然：把舒适、幸福生活的快乐，不遗余力地传播出去！

记得蒲公英是开白色小花的，我这小院的蒲公英怎么开的全是金色小花？以后一定抽时间去向大自然这位大设计师讨教……

愿同本书读者及设计同仁一道探寻幸福设计。

是为序。

星艺创始人、总设计师

2013 年 9 月 11 日于伦敦

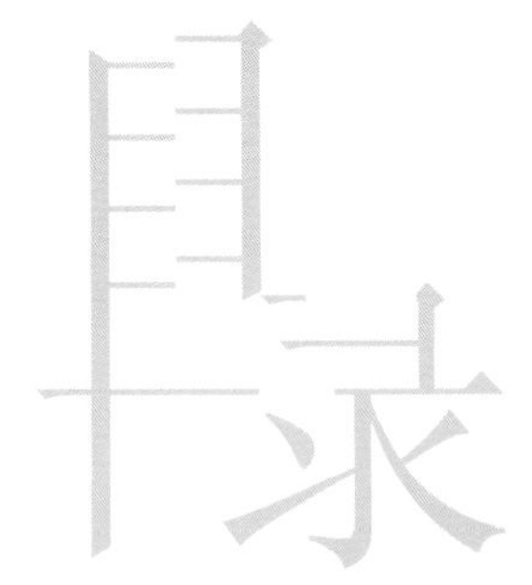

设计幸福　播种快乐

壹 春耕

春耕 · PART 1　写在23年

爱上一座城

贰 夏 秋

夏长/秋收 · PART 2　设计幸福

冬藏 · PART 3　缔造信仰

无间世界　美哉设计

The Happiness

Design

我们呈现的，

不仅仅是一个个营造的结果，

我们更珍惜营造的过程；

我们热爱的，

不仅仅是“设计师”这个职业，

我们更在意设计幸福。

出发

春，是生命的季节，是希望的田野。
我们在春天里出发，走上独立的探索道路，
寻找土壤，种下自己的专业梦想，
以设计幸福的方式开始新生活。
没有人知道明天会怎样，但是，
我们选择用自己的专业素养，
把您对家、对生活的理解，
通过自己的专业性空间语言表达出来。

春耕·*PART 1*

写在23年

2014，星艺23周年，星艺贵州10周年。

马上就将迎来24年，这在中国人的习惯里是一个轮回，是一个新的开始。既为新开始，就需要对过去作总结，对未来作展望。

23年，已可以创造奇迹。星艺装饰的公司史一定程度上是中国尤其是贵州装饰产业发展史的缩影。从作为一个外来企业进驻贵阳，到创造业内无数经典案例。伴随装饰企业发展的黄金二十年，星艺覆盖了整个贵州。

23年，很多人在人生最美好的时光留下了关于星艺的独特记忆。曾经的星艺人，如今分布在全国各地，或已在当地成立了自己的公司，开创了全新的事业；或已在其他领域取得了新成绩。但是，这里的记忆犹新。无论他们走多远，这里曾写下了他们的青春与梦想、专业与疯狂，还有那真挚的友谊。现在的星艺人，站在老星艺人所创造的基础上，既要承接过去，又要创造未来，压力更大，责任更大，可能性亦更大。新旧两代星艺人需要对话，而其实这本身就是一个人的过去与现在。一个人回头能看多远，也就意味着向前能走多远。不是怀旧，是扎根历史的土壤以支撑未来。

23年，多少个春夏秋冬，多少次风霜雪雨，多少回耕种收获，一切丰盈了我们的过去，点滴汇集雕刻成现在的我们。成就没有让我们停下继续创造的脚步，困难也阻止不了我们自由生长的决心。生活既然没有既定的方式，那么，人生也不应该有相同的模式。

不管我们现在在哪里，但曾经或某一个时间，我们在这里交集。昨天的故事、后来的演绎、今天的新高潮，还有明天的目的地，都在这本书里。这就是成长，这就是我们。

新进了多少项目，拿了多少专业奖项，多发了几个月的奖金，专业地位迅速进阶，如果这些不足以成为全部，那么，我们应该庆幸很多年以后我们依然记得今天一起共事过的“星艺人”。在这里，很多人收获了纯真的友谊，还有内心的温暖。即使离开了星艺，心依然归属于这里。

Writing in the Spring
写在春天里

一座城于一个人，它不一定要有多繁华，不一定要有多喧闹，不一定要有多美丽，更不一定要很多高楼的装饰，而只要是心的归属，就可以了。仅此而已。贵阳予星艺的，便是这样的一份，缠缠绵绵的爱恋。如斯深往，无期无尽。

爱上一个人是因为一个眼神，爱上一座城只因为一束阳光。

才是远远地品味贵阳这座上千年的诗意林城，便在那弥漫扑来的厚重而清宁、温馨而静雅的气息中，不由得毫无发觉地就已沉醉。那时，星艺像是个情窦初开的女孩儿。隔着万水千山，却已将自己完全交付，毫无保留地寄托在贵阳这座城市伟岸宽博的胸怀中。她爱他独有的特质，爱他千百年的气韵，爱他充满幸福、和谐、宁谧、温馨、美好的时光沉淀。所以，贵阳，就这样成了她的梦中情人般，令她间断不止地想要靠近、拥抱，并与他融为一体。

贵阳的确不愧是一座令人心神沉醉而不能自拔的城市。这座城市有自由的生活，有慵懒的节奏，有恣意享受时光的广容，有云淡风轻、细水长流的缓缓与共。这座城有古旧的街道，黔灵山的千年毓秀，花溪河的时光静水，红枫湖的漫漫风景；这座城有满眼的翠色，高大的梧桐，河滩的散漫，伟岸的松柏；这座城有醉人的浪漫，翠湖的碧波，植物园的红枫，情人谷的玫瑰。这座城有太多的魅惑，太多的温馨与暖意融融。明媚的阳光会披洒在身，和谐的家庭点亮城市的夜景，慢慢的节奏摇荡在生活的各个角落，令人不慌不忙、不紧不慢、不急不躁地，走在其中并感受在其中，生活在其中并热爱在其中。于是，在这座城，尽是悠然地行走，畅快地呼吸，翩然地起舞。

君问归期未有期

陌生的城市会让人寂寞到无眠。还好，贵阳这座城市是如此特别。尽管从未相逢，却是相见恨晚，却是冥冥之中这样的缘分与情感已经延续了好久，从未间断过。

于是，星艺就这么毫无招架地、心悦诚服地完完全全地爱上了贵阳这座城市春天的微凉、夏天的清爽、秋天的小雨、冬天的暖阳，爱上这座城市黎明的寂静和深夜的安宁，爱得热烈而又固执。星艺就像一个痴情的女子，就这么深至入骨地爱着贵阳。爱了，就好好爱，并且就这么一直深深地爱下去。因为，星艺决定爱上这座城的时候，便已决定在此终老。久而久之，她也就有了贵阳这座城的气息，慵懒而又积极；她也和这座城一样，温馨雅致、和谐宁静、不乏激情。

所以她一定要为贵阳这座城市带来她的所有，奉献她最真挚的感情。因为贵阳他是如此地优雅、别致。他有着整洁的纵横街道，各种风格的林立建筑，路上没有太多的徜徉行人，偶尔驶来的车辆也大多缓慢行进，犹如漫步；有着轻醺的微风，暖融的阳光，还有牵着手的老人，奔跑欢笑的孩子。而星艺全部所拥有的，便是心中珍藏的家庭美满之梦，以及全方位全心全力去创造、实现这个梦的一切。她有最精湛的装修技艺，她有最精良的设计理念，她有最精美的创意图画，她有最精巧的细节打磨。而现在，她将这一切，尽数付诸她心中痴执的感情。因为星艺，贵阳所有的美满居家梦想次第绽放。粉白的墙、银彩的窗、原木色泽的地板、锃亮洁净的橱柜、华美的吊灯、厚实的门、丰绰的滋韵、恰到好处的点缀……

大雪小雪又一年

爱上一座城，就会跟着他的季节，就会融于他的季节里，跟着他的脉搏。时而快乐时而感动，时而甜蜜时而欢笑，让人看到一场又一场天荒地老。

如今，当所有生活在贵阳这片土地上的人们，结缘星艺、携手星艺，而后，住进星艺所造就的这一隅空间里。他们的生活，由此充满了更多的幸福与收获，拥有了更多的快乐与满足，感受了更多的自由与随性。于是，有了更多的笑容、更美的时光、更好的城市，也有了更深的爱。相互交织、沉淀、延绵，而后，又成了更加潺潺的眷恋，越来越远。

愿有一屋，不求华丽，但求真诚。不求奢侈，但求舒适。不被打扰，幸福终老。而这样的生活，正是星艺从始至终不变的执着。今天，星艺终可算是夙愿以偿，得以与贵阳这座城融合为一，演绎着一段段美满的生活，成就着一个个幸福的家庭。也正是因了贵阳这一座城，星艺才有了她更好的奉献与价值。当星艺再提起贵阳的时候，她也必会忍不住显露笑意，目光柔和，神色向往而虔诚。她也笃定不移地相信，自己的前世曾是他的子民，曾在他的怀里沉静呼吸。

Life Is Just Like a Travel

人生俨如一场征途

我并非信仰苦修，才能修成正果。同时我更愿意相信，人生俨如一场征途。而这趟征途中或许不需磨牙吮血，也没有万丈深渊，但是寒冬凛冽、火狱酷暑，或多或少我们都将会历尽。也就只有这样流经寒冬的年月，所绽放的姹紫嫣红才能使人铭记，而不至于一笑置之。如此，一路艰辛所练就的坚韧，才足以匹配一种成功，坚信一种信仰。

我虽不能证明，但我相信。

世上有很多阴差阳错的事，我踏进室内设计行业也是这样，只是每每回味都很有趣味。从业初时，只觉得是种莫大的享受。从事创造性的工作，每天做的只需耐心地翻译客户的生活习惯、需求，然后发挥天马行空般的想象。一切自由但是也有太多方框，不过完全沉醉在想象的无限组合中，这样的享受也让我变得无比耐心。只是久了，才发现客户永远比我更有耐心，因为他时常控诉着："给我想要的，赶紧的。"

因此渐渐地从每天的享受过渡到了正式的"加班"，而且是没完没了，工作与生活没有明显的界限，往后的日子也大抵如此。

我们可以拒绝很多事物，但拒绝不了成熟，而这些促使人成熟的因素大多都潜藏在生活的一些鸡毛蒜皮里。或许只在某天加完班过后，在电梯中遇到了一位外卖小伙，微笑地向你询问时间，当你疲惫无趣地告之时，他却欢乐道："那还有半个小时就下班了。"当时若是8点，他释怀便不足为奇，当时是11点呢?有多少人能笑得开怀。

因为总有一些人被信念促使，身处平凡得不能再平凡的岗位，也如此地乐观积极。同时，也警示着我们，其实工作都是平凡的，只是我们多了一些急躁。

草在结它的种子，风在摇它的叶子，我们站着，不说话，就十分美好。除了过程，或许走过阻力最大的路径，成功便也不期而至。

时常想象走在大寒时节，围绕在自然的安静、平和、纯粹的生息中。周边冰天雪地，天地之间了却无声，万物出于对死亡的恐惧，对生存的渴望，不曾停息地更加努力觅食。雄鹰会频繁地高空盘旋，寻找猎物以求果腹。霜雪压枝，却也从不见低头。一切在死寂中蠢动，遂不知严寒何时到头，只是一味纯粹地努力活着，直到初春的到来，万象更新，多么完美的时刻。

四季更迭，周而复始。万物最美的外表，亦容易在惊叹过后而忘却。唯有耐得苦寒的坚韧，才能兼得品性，烙上永恒。成功是大家所向往的，但唯独过往最坚强之时才是最让自己铭记的，而值得反复回味。

登上山顶的那一刻，虽然风光无限，但能定义和创造自己的那刻，是毅然走向山顶那段路途的开始，还有走向山顶的那段艰难时刻。时常告诉自己，并非每段历程都是传奇，但是总需要有人创造传奇。那么这个人为什么不能是我自己。

Fall in Love with a Company
人总要忠一次

年轻的时候，总想知道山的那一边是什么。无论是在工作中还是生活中，年轻时的我们总是容易动摇。殊不知，你的幸福与前程不在别人那里。每个人都有自己的成长方式，这一点不用羡慕他人。有些人通过变换行业、公司获得提升，有些人则在一个公司实现了原地突破，最终成长。

2004年夏天，我单枪匹马来到贵阳，借住在同学家。一个星期以后，一家还算不错的家装公司向我伸出了橄榄枝，以实习设计师的身份开始了我的室内设计职业生涯。那时候刚毕业，确实什么都不懂，但我对自己的工作有兴趣，肯钻研，于是通过这种半模仿、半创新的态度，我渐渐摸到设计的门道。一年以后，我已经是一名合格的设计师，摆脱了“新人”的称谓，同时也认识了一些朋友，很快融入到这个城市的生活。老实说，我并不喜欢当时那家公司，气氛很压抑，不过因为是第一家公司，还想多学点东西，所以也没有萌生离职的念头。后来，公司由于内部派系之争，我莫名其妙地成了牺牲品，就这样我被解雇了。

幸运的是，年轻没有失败。我还来不及为上份工作表示一点惋惜之情，一个星期以后，我加入了星艺。现在想起来我能这么快去星艺还真是有点喜剧色彩。我去了人才市场好多次，一直没能寻觅到一家从品质、规模、口碑和发展前景都能够让我满意的家装公司，正当我最后打算放弃的时候，我终于在人才市场看到了星艺的展台。可能是因为时间快到了，人才市场里的人都已经走得差不多了，我也就过去坐下与星艺的工作人员就公司的情况、自己的想法等进行了二十分钟左右的交谈。交谈过程中，我们都感觉非常轻松。后来，我决定要去星艺找回自己的梦，而星艺的工作人员也表示很期待我的加入。就这样，通过提交以往的作品展示，一系列面试之后，我很快得到回复，随时可以上班。我与星艺的缘份从此发生。在这里，单纯的人际关系、轻松的工作氛围与优质的项目，让我很快喜欢上了星艺，而且灵感迸发，做了一些现在看来都非常棒的创意作品。就这样春风得意地做了几个项目后，在业界也有了一定的知名度，开始有其他公司挖角了。由于自我的感觉良好，我接受了其中一家，离开了待了整整三年的星艺。

很多在星艺待过的人都对这家公司怀有或多或少的感情。这也许是出自于大多数人是在年纪轻轻刚入行、没有太多行业经验的时候，星艺接纳了他或她。这是一种知遇、培养之恩。不仅是新人，星艺对从公司离开的同事亦持一个随时欢迎回归的态度。这种宽容的企业胸怀也并不是每家公司都能够真正做到的。从事室内设计十年来，我曾经对这个行业彷徨、失落过，到现在越来越爱上这个行业，它给我带来了全新、痛并快乐的个性工作环境。我想这也是很多室内设计师同仁爱她的原因。我想，人总要忠一次。忠于事业、忠于爱人、忠于公司，人总得执着一回，当你执着到一定时间时会发现生活品质大有提升。事业、家庭、朋友都会朝好的一面发展。也只有真正热爱设计的人才能收获这一切。

我要忠一次我爱的设计行业。在曾经工作、成长过的星艺贵州10周年之际，祝愿她在家装行业如常开之花，花开怒放！

Twinkling Days blong to Xingyi

那些属于星艺闪亮的日子

一段微信将思绪拉回了星艺。开始试着回想，那些年都做了些什么。三年前，某月某日已记不清了，报到第一天的心情，却清晰得很。穿着一件简单的白衬衣，米色的小短裙，踩着平底鞋一蹦一跳地就来了，我想当时天气肯定是阳光明媚的吧。这是正式入行的第一家公司，印象中办公室很大，人很多，就这样，一个新鲜的小菜鸟闯入了一大片树林。一切都是新鲜的，充满希望的。

我到星艺半年后就有了跟着一位资历较深的设计师一起去负责他的一个项目的机会。虽说不是自己全权操办，但也让我着实兴奋了很久。项目在美丽的海南岛。去海南出差时，是我第一次坐飞机，第一次去海南。我很感谢我的工作、这个项目，还有星艺，让我有了这么多“第一次”的体验。第一次去海南出差待了一个星期。每天像上班一样准时去装修的酒店与他们一起工作，一起加班，为后来北京、济南等城市的项目开展打下了坚实的基础。因为这样的成绩与辛苦工作，客户公司的营销总监特意打电话到星艺，对我的认真工作提出表扬。那是我第一次得到客户的点名表扬，在今天看来可能这种成绩太小了，但当时我确实为这点小成绩激动了好几天。

回首过往，在星艺工作将近三年的时间里，我遇到很多人和很多事。大多都模糊了，而每每想起刚入行时的懵懂，不禁莞尔。基本就是这也不会那也不会，好在学得倒快，同事们也包容信任，总算没出什么岔子。就这样，还算顺利地开始了我的设计生涯，没有太多故事，也没有起起落落的经历，然而其中的酸甜苦辣，我想大家都懂。在外行人看来，室内设计是时髦的、激情的、有趣的，一群衣着时尚，外表个性的男男女女们，在讨论新鲜热辣的创意点

子。真实情况并非如此，大家看到的只是其中光鲜的一面，那就是工作时的状态，确实充满着激情与创意的火花。但燃烧过后呢，则是让人焦虑的。作息时间不规律，家常便饭似的加班熬夜，亚健康等这些，都在无形中严重透支着设计师的健康，若你身边有这样的人，请好好爱护吧。若你想要入这行，这是一个值得鼓励的想法，但请慎重考虑你是否真的热爱这个行业，因为在这个行业可能不会让你赚很多钱，但是会让你的青春燃烧得更精彩，人生更有价值。

若你要问我这三年的收获，我会很矫情地说，是一段记忆，有对可爱同事们的美好记忆，有对室内设计的敬爱之情，还有对这一切的感恩。她让我从一个小菜鸟变成一个专业人士、一个冷静的职业人，这些成长经历让我以后的职业生涯更加广阔。在这里的同事最后都变成了朋友，无论我在哪里，他们都会给予我支持。我也常常与他们讨论一些非专业方面的问题，比如生意和生活，他们经常有新想法启发我，使我对事件更有洞见。

时光飞逝，曾经的我们或许终有一天会分散各处，但那些年，我们都在星艺，拥有最闪亮的日子。

Building the Dream

尘不沾衣美浸髓

这里有着别样的星星和月亮，不一样的人群和声音，这所有的一切，让人觉得你与世界更近了。

随意春芳歇，星艺寻梦

星艺能给予人的是什么？就漂浮在脑海里面的那些印象而言，或者一时还真难以为之定义，如果说它是一个女子，那一定是先受了海浪沙滩的蛊惑，给了人温柔可人的印象；若说那是一株寂寂寥寥的兰花呢，则又明显偏颇地失之于地域细节。在贵阳，一个行人所能体会到的情绪是极多的，而取其中的哪一种作为对贵阳的综述似乎都不会太合适，就这样，星艺贵州流于一些无法被整合的印象，就像太多时候无法被整合的生活一样。当然，有一点或者对于星艺来说是相宜的，那就是无处可以排遣的寂寞，它仿佛是一座闭合的城，被自己那太殊于别人的氛围所包围，仿佛这是全天下最不可复制的城。这里夜晚的星星不一样，这里的人群不一样，这里的欢笑声不一样，这所有的区别让人觉得寂寞，让人觉得此间的生活跟以往无法相提并论。

星艺是一座寂寞的城，但要为这种寂寞取一种态度的话，怕是没有人会不喜欢这样的寂寞。星艺的寂寞，是一种严肃的有主题的寂寞，就像我们停留在窗边回想往事所经常觉得的那样，不会觉得自己先前的日子有多空泛，却往往在将那些心事放回原处时刻骨铭心。

在浓郁的川西文化气息里浸泡了太久的河流，都会沾染上这个城市的寂寞而不能自拔，星艺也毫无例外，以至于也流淌贵阳半数的风情。在星艺做设计是一件饶有情致的事情，入夜，借着温暖灯光，穿行过日里繁华的书架过道，一扇一扇设计间里透露出色调不一样的灯光，就像每一个独立的故事，每一个故事的主人心情都不会一样，整个氛围被缭绕在一种表现得过分浓厚的人情味里面。

设计是预备好了的，只期待一个愿望便可以被随手摘去，然后随着故事的流传而渐行渐远。

悠悠经年，摘星逐月

贵阳星艺的构造是极讲究的，围绕一个“人文”，把人在整个文化上引导活络，有“处处声语”的韵味，在很早之前这些主题便被树立了严格的流程，或者就如《广陵散》一样，有一种唐人的风韵，那种可以任人们拿来作为生活韵脚，描出许多被吟咏不绝的生活风韵。“文化的言词”从那些婉转跳跃的笔尖上被浅吟低唱，“星艺的神态”被以一些细腻到指尖的摩挲来婉转演绎，演奏者就是其中的人，在他们的眉目神采间，对于这种设计艺术的喜爱和高度的理解依稀可辨，见过幽远伫立的古镇，看过清新秀丽的欧筑，沿着星艺的道路再前行几步，或者你还可以听到清脆悦耳的生活之声，那么遥远而又那么为人所喜爱，即便往后走得很远了，还有回忆泛起在耳际和心湖。

在星艺，眺望得到的，是同设计连接在一起的职业，从这座雅适的寂寞之城望见终年预想不到的奢想，不知怎的，总是在心头会加上几分怅寥寥的宁静，以至于原本客居的情怀突然渴望在这里安营扎寨，久安下去，从此居于雅适的寂寞。

这些年发生了很多事情，可控的不可控的，预料之中的预料之外的，都一一发生了，每个人的命运也是如此，充满无数不可预知的变数，岁月就像家乡门口的那条弯弯的小溪，漫无声息地流过，但水涨水落，唯有在河边张望的人才知晓，可是谁会整日在那里守候，满怀期待呢?

站在远处才知风景

星艺和城市之间的风景绝对不同于你在世界的其他地方所熟悉的那般，星艺是画中才有的高原湖泊，倘若要为它寻找一个合适的词语来描摹一番的话，只有“明媚”二字，然而如此二字又如何能道尽这里的风光独好？所以，星艺的存在，对于人们描写企业的语汇和修辞法是

一个极大的考验，高原的太阳赋予这处以无限光感，亮得能让人看见希望和未来的影子，清清楚楚。

越研究星艺，就越发现自己被拉向了他们的哲学。仅仅这一认识，就足以促使我们为星艺书写一本关注星艺主义的书、一本充满哲学遐思的书，但当写作进行时，有了一个比哲学遐思更为强烈的动机。在深入了解星艺之后，以至于感觉不得不将这个发现公之于世，相信他人也能从中学习并采用他们的企业哲学而获益匪浅。

我们要重新考虑我们的生活目标。特别要树立于心的是星艺这样的主张，那就是我们渴望的许多东西例如名誉和财富都是不值得追求的，要转而把注意力放在对安宁生活以及星艺主张的文化追求上。我们还会发现，星艺所追求的安宁，并不是镇静剂可以带来的那种安宁。换句话说，它并不是一种无生气的状态。相反它是祛除了如悲伤、焦虑、恐惧这样一些消极情感，而获得了积极情感尤其是欢乐的一种状态。

我们要学习星艺发掘的用于获取和维持安宁的各种技巧，而且还要在日常生活中运用这些技巧。比如说，要小心地区分我们能控制的空间，同时也要认识到，别人要破坏我们的安宁有多么容易，因此我们要实践星艺的策略来阻止别人搅扰我们。

忍把浮名，转杯浅吟低唱

践行星艺所需要的努力可能比践行开明的享乐主义所需要的努力更大，但是却比践行很多东西，比如禅宗，所需要的努力更小。一个修习禅宗的佛教徒必须要冥想，这是一种既花时间（在其中的一些形式中）又在身体和精神上都有很大挑战的实践。比较而言，践行星艺主义并不要求我们分配大量的时间来“练习”，而要求我们经常反思我们的生活，这些反思的时段总的来说是可以从日常的零碎时间中挤出来的，比如说当我们困在交通堵塞之中时，或者如塞涅卡建议的躺在床上等待睡意来临时。

最终，我们要成为一个对自己的生活更内省和更深思熟虑的观察家。从事日常事务时，我们要审视自己，要反省我们看到的事物，力图辨明生活中苦恼的来源，并且考虑如何避免这些苦恼。这种过程显然是要付出努力的，但这对于所有真正的人生哲学来讲都是一样的。的确，即便是“开明的享乐主义”也是需要付出努力的。开明的享乐主义在生活中的高远目标就是将一个人一辈子经历的快乐最大化。一个人要践行这种人生哲学，就要花时间去发现、探索，对快乐之源进行排序并且调查它们可能会碰到的任何难以对付的负作用。然后，开明的享乐主义者就要规划让他将要经历的快乐数量最大化的策略。（而不开明的享乐主义是一个人不假思索地寻找短时间的满足，星艺认为这并不是一种前后连贯的人生哲学。）

在对星艺生活之计划或其他任何人生哲学的“成本”进行评估时，所有人应该意识到，没有自己的人生哲学也是要付出成本的。星艺已经提到过这样一个成本，即把你的日子用来追求无价值的事物因而浪费了生命。

昔年种柳，万树桃花

有人说星艺充满温暖，有人说她的设计雅致干净，有人说她的文化隐寓味道，有人欣赏她的厚度，有人羡慕她的锐利，有人夸赞她的大气……一个名字，一座繁华大城，一段路途，它总是品味出不一样的东西。星艺十年来洋洋洒洒的笔墨，总有些许触动你心头最柔软的一角。

旧历年走得异常缓慢，余兴未尽一样，在初月徘徊勾留。而四季已经不管不顾地往前跑了，一下子就跑到了十年的门槛前。

乍暖乍寒，气温忽升忽降，阳光照耀的午后，一切都变得温情美好。在浮躁潦草的生存里，阳光和夜雨是华丽和奢侈的，星艺的每一个夜晚，回家路上穿过倒映在雨水的霓虹，此时的城市变得寂静寥廓，那一刻，让人觉得可以老死此地。

薛道衡聘陈，人曰思归，作诗云：“入春才七日，离家已二年。人归落雁后，思发在花前。”江南士子初闻之下，嗤笑不已，待后两句一转，莫不叹服。

然而在春天写下这样句子的人，终归薄命。“空梁落燕泥”，如同谶言，一场虚假繁华，烟花般散尽。

那些深夜寂寥的灿烂，不知道有多少人在无眠的夜里静静倾听。一夜一夜在此起彼伏的声响里睡去，守着一室墨一样的深黑，不曾动过掀帘的一念。曾经那样迷恋烟花的女子，竟一年年失去仰望夜空的欲望。果然是一念起，万水千山，一念灭，沧海桑田。失去伤春悲秋之心，似乎是一件无可奈何的事，如同某一个遥远的春天，转身来到繁华还未上幕的贵阳，望见山荫道上渐渐模糊的金色雏菊，零落在时光里，竟洇散成一张霉渍斑斑的黑白旧照片。

十年前的一场春雪。星艺说历历在目，而我们已经忘了。记忆如同沙漏，时间流下，沙粒沉下。这个春天，我忘记了许多东西，只记住了这样一个句子，她说：“我的心有多干净，你不知道也无妨。”

见识

室内设计不是一个暴利行业，
很少能够依靠这门『手艺』
获得巨额财富。
大部分人选择这个行业
是出于内心真正的热爱。
音乐是我们延长的耳朵，
绘画是我们延长的手臂，
旅行是我们延长的脚步。
我们每天做着天马行空的事情，
拿出脚踏实地的作品。
我们用想象力去工作，用理性去规范，
我们在塑造这个市场的同时，
也塑造了自己的职业期望和理想生活。

夏长/秋收 · *PART 2*

设计幸福

家是什么?

家是盛爱的容器。

每个人都期待有个家。家对于每个人的意义，也许并不是每个人都思考过。

“家”，每个人对它的定义都不相同。但把“家”看成一个“容器”，估计不会有谁有异议。“家”，首先要容下我们的身体、思想和气质；其次，还要盛下“世界”：那些来自南北西东的物件；最后它还要盛下“时间”：那些在此流逝的岁月，见证着每个人的喜怒哀乐。

一个家究竟要多大?一个家到底应该装满什么?陈奕迅在歌中唱道：“盖个半坪的房子，脸孔贴着你鼻子”，你看，只要有爱，半坪就是一个世界。的确，爱增加了家的分量与质感。在家里，有妈妈为我们编织的毛毯，她的爱就藏在一针一线里；有徒步西藏的好朋友从阿里为我们带来的牦牛头骨，他的爱就藏在那一步步的跋涉里；有途经西沙的好朋友为我们背来硕大的贝壳化石，他的爱就在那沉甸甸的行囊里……能容下这么多的爱，再小的家也会变得深沉而博大。有了这么多爱，再小的家也是一个大千世界。

Case I

一叶为家，居在阆品

找个时间，当人群安歇之后，
泡上一壶清茶，对着月色下的城市，
我们聊聊设计、谈谈城市，在阆品馆。
大把的金色，满手的温暖，
没有佛陀的拈花微笑，只有你我的对茗谈生。

设计师：**李幼群**
Li Youqun

设计师：**白庆聪**
Bai Qingcong

案例名称：星艺装饰 · 阆品生活馆
设计理念：如果存在最好的，设法使它更好；
如果不存在最好，就设法去创造它
主要材料：地板、瓷砖、墙纸、实木等

· 设计背后的故事

当对面由一个人变成一群人，由一个人的家庭变成一群人的家庭，事情就开始向不可掌控的方向滑动。正如当星艺装饰 · 阆品生活馆将由我们星艺人自行设计的消息传开后，公司内部的所有人都开始幻想新家的样子；当知道为新家量体裁衣的工作将由我和白总联手操作之后，我知道，这将会是我设计生涯中极为有意思的一件事，也会成为我事业中的一个标签。

生活馆就是用来享受的

当我们都习惯于听从安排的时候，我们就只能被动地听从，当我们能够自行安排的时候，我们就能主动地去希望。一场场的聊天，我收获了许许多多，脑海中的声音也渐渐沉淀了下来，原来身为“设计师”的我们却一直忽视了自己的需求。

我相信，星艺将从这里开始改变。

当白总来到贵阳的时候，我已经对“阆品生活馆”有了一个相对清晰的定位，当我把自己整理的想法系统地与白总沟通后，他很是惊讶于我们这种相对超前的构想。他说，从这里我已经看到了阆品在贵州，从生活出发，不落窠臼，这正是设计所需要的基本精神。

随后，我们通过当面沟通、电话联系、网络传递等多种形式，逐渐温暖了“阆品生活馆”我们这个共同的家。客厅、起居室、餐厅、吧台、书吧、书房、展区……与其说这里是一个公司办公的地点，不如说这里就是一个大大的家。我们在这里一起喝茶，一起看书，一起就着夜色谈古论今，一起享受在星艺的日子。

星艺终于有了一个自己的家。

爱听故事的人

如果仅是用来展示以往的成绩，那么就过于孤单了些，毕竟过去是有限的；如果仅是用来作为办公场所，那么就过于功用了些，毕竟传统的办公场所总是约定俗成的呆板甚至苛刻；如果这是一个属于我们所有星艺人的家，那么应该是什么样子呢？

拿到上下两层的户型图纸后，许许多多的想法纷至沓来，太多的声音开始对着图纸呼喊，将所有的声音压制下来后，我觉得应该听听同事们的声音，毕竟这里今后将会是我们所有人共同工作的地方，大家每个人的愿望才是这里最为真实的声音，正如每次设计之前和业主沟通一样。我决定，将以往的观念全部抛之脑后，做一次听故事的人。忘掉了自己，才能装下更多的东西。

“我希望能够有一个够大的交流区，这样就可以在没有思路或者思路卡壳的时候，找几个人一起聊一下，很多时候灵感都是这样来的。”

“储物空间再大些就好了，公司现在的储藏室太小了，而且最初就不是作为储物室的，很多东西都已经装不下了，找个东西太难了。”

“氛围能不能不要太严肃了，对于白色的传统办公空间我早就厌倦了。我们是做设计的，设计要的是灵感，舒适的环境和家的氛围才是最合适的。”

“在空间的切割上自由些就好了，现在的公司所有的房间都是一样的，太过于普通了。”

……

这回终于可以坐着聊天了

当“星艺装饰·阆品生活馆”开馆之后，许多老朋友都竞相过来看一看，10年的贵州星艺装饰已经积淀出了一份沉甸甸的感情。足够宽敞的客户休息室，能够放下了足够多的沙发；古典风格的客厅让尊崇和质感兼备共生；后现代风格的餐厅，则是一次愉快的现代饮食之旅；围着吧台，和朋友聊聊天，很多争执自然在把酒言欢中淡去了；不想聊天了，那就到书吧翻本书吧，书虽不多，每一本都能让人静下心来。

现在，很多老朋友都喜欢来“家”里坐坐，这里有故事可以慢慢聊；许多陌生人在“家”中休息片刻就喜欢上了这里，进而喜欢上了星艺装饰。我自始至终都认为，家是用来爱的，无论是艺术化的风格也好，还是功用的选择也好，这里的本质就是大家都喜欢。

这样就够了，一如星艺装饰·阆品生活馆。有时间，来家里坐坐吧，我会为你泡上一杯清茶，聊聊这个家的故事，说说这些可爱的家人们！

·设计师手札

空间的灵活分割，不同风格的巧妙搭配，以及生活设施的灵活植入，作为一处办公场所，要处理和装饰出家的样子并不难，难的是如何在让温馨充满居室的同时，保持办公空间所必需的功用，并展示出企业的文化和精神。在整体延续墙体固定结构的基础上，灵活安排休息办公空间，满足多人的多种需求，古典、现代、后现代等多种风格灵活运用，书吧、客厅、餐厅等巧妙嫁接，最终让两层的空间达成了多种的生活目的。空间定制好了，剩下的就让时间和人来慢慢补充吧。

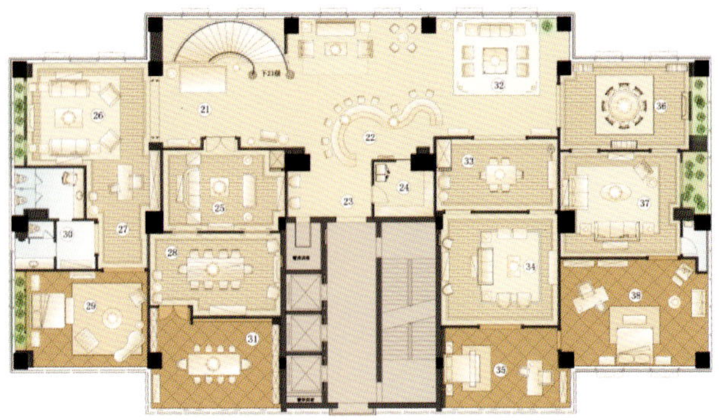

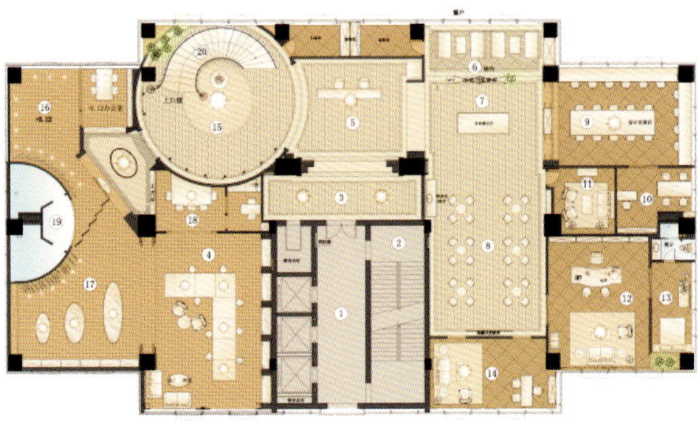

·思考 在完工之后

家是什么？
——家是一家人的天堂。

时至今日，人们依然对那个过去的一体时代怀揣着最为奇怪的拷问。人们依然无法理解，那个时代是如何将数以百计乃至千计的不同个体装在一个思想中，在同一张大桌子上吃着同样的饭菜。

现在，当我们更为讲求个体的特性之后，随之而来的必然是对“集体”的苛求，当然，这样的苛求直接导致的也必然是一个个奇迹的诞生，正如美国男篮的“梦之队”。

这是一个个体的世界，也是一个集体的世界，当个体多元逐渐鲜明突出之后，集体需要做的就是如何与之匹配，如何让个性与统一结为一体。

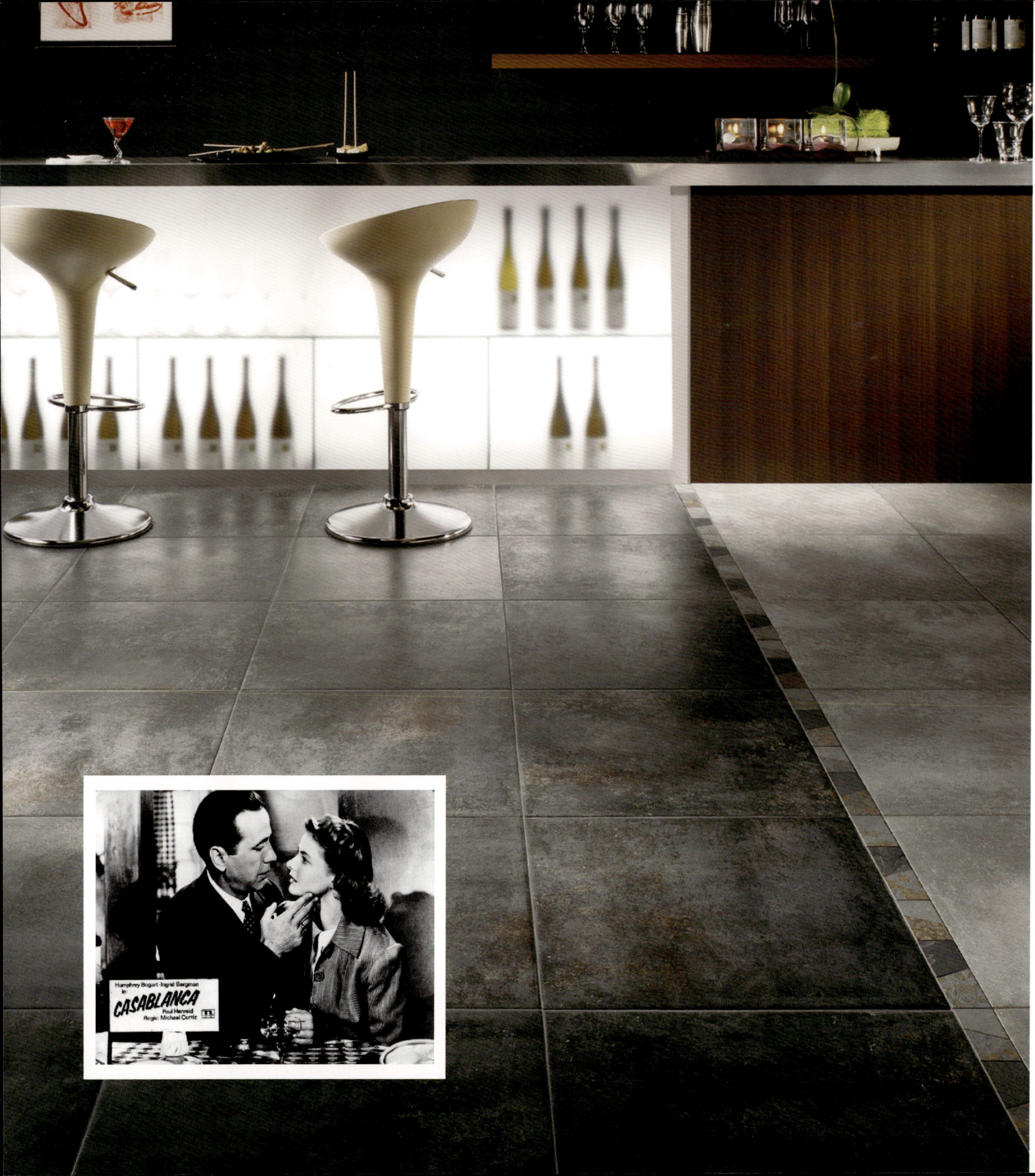

星艺
24
细节

吧台之爱一

夫妻的浪漫可以常葆，
有吧台就有《卡萨布兰卡》里
男女主角对饮的那经典一刻。

Case II
以湖为居的三口之家

我想有一个小小的花园，
那里可以喝茶、可以聊天，
有大把的空气，有大把的蓝天，
不需要太多的空间，只需要一份静静的安然。

设计师：**罗珍**
Luo Zhen

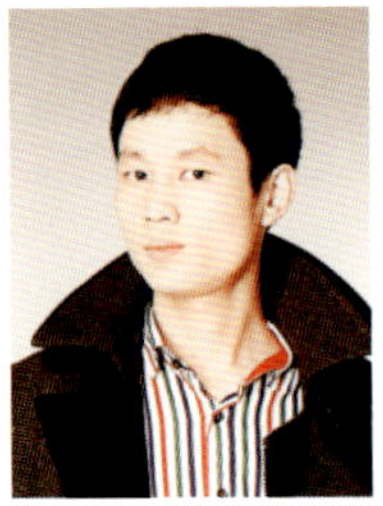

设计师：**李朝武**
Li Chaowu

项目地点：观山湖一号
设计风格：简欧
主要材料：大理石、硬包、护墙板、墙纸、肌理漆等

· 设计背后的故事

这是当今时代一个典型的三口之家，男主人积极务实、温文尔雅，女主人聪慧干练，独自打理着一番事业，他们有一个7岁的女儿，活泼聪慧。为这样的家庭定制居室并不容易，因为他们本身的定位决定了这会是一个艰巨的工程，每一处细节都需要妥善地处理，任何一丝的纰漏最终都可能成为设计致命的创伤。

拥抱生活

三口之家，偶有父母小住，200余平方米的房子规划出合理的方案似乎并不难，做到整洁、有序、使用方便都很简单，但是如果仅有这些，那么这个方案本身就已经被判了死刑。家，不仅要容纳我们的身体，而且还要与我们的生活相匹配，家早已经不仅是一个住的地方，更是一张生活的写真。

也许是同样的经历使然，与女主人的接触很是温馨，在不断的接触中，听到了两个人温馨而曲折的过往，从各自独自远走他乡，到因为情缘而相遇贵阳，最终结成了现在这个幸福的家庭。当孩子出生后，一个温馨的家逐渐被提上了日程，很多在过去十分看重的东西渐渐失去了重量，许多过去被忽视的东西渐渐占据了生活中的全部。

在交流中我们从未涉及过“风格”这个概念，因为家不是风格可以束缚的，而最好的设计往往不是被已成事物所羁绊的。当我们用最为简单的心思去对待家的时候，设计的主题参考对象就不再是各种风格，而是人。

小小的惊喜

户外花园也许是这套房子中最大的惊喜，在这个寸土寸金的时代，当我们都在千方百计把自己关在玻璃窗后的时候，突然之间能够有一处自然的原野是再好不过了。如何设计这个小小的户外空间就成了设计的点睛之笔。最终一小块草地，一小块石板地，几丛灌木，几棵树就成了全部，简单而不乏生机，在每个季节都能够有一处风景，这样就是够了。

在空间陈设的风格上，则是将精致和时尚结合起来，打破了任何风格的定义，让空间看起来时尚干练而不失韵调。直线的灵活运用，不但将整个空间划分得更为齐整，同时也让空间整体呈现出大气的奢华。

为了把家布置成一个温馨的港湾，我们特意把客厅外的格子窗体改成了大落地幕墙玻璃，把阳光直接引进到宽敞的客厅，同时选了一款带光感的地板，延伸了阳光的光晕。阳台留了露天的结构，种上植物以吸收大自然的精华，为人留下一个感触大自然的绝佳机会。在盥洗室的设计上，则是巧妙地采用拉窗设计，不但让光更为自然地充满空间，更是有利于空气的通畅和隐私的保障。而女孩的卧室则采用了与男女主人卧室截然不同的风格，甚至相对于整个房子的设计都更为活泼而跳跃。

当新家的所有工作都完成后，应男女主人的邀请，我和同事在新家中度过了一个愉快的周末。女主人亲自下厨烹制的精品美食，男主人收藏的美酒，活泼的孩子则是跑来跑去洗水果、拿吃食。

也许这样的生活场景就是我一直以来从事设计这份行业所期待的，平实而生动，用家的温馨填满城市的土地和天空。

· 设计师手札

家其实就是生活方式最为直接的体现，选择一种家，就是选择我们的生活方式。

我们总是会经常遭遇一种尴尬的困境，当你走进刚刚竣工的家，富丽堂皇且精致考究，但是总是会隐隐感觉到一种不通畅，让你无法真正地身居其间，人与房子的孤立让人难以感觉到家的温暖。

其实，家很多时候并不需要过多地去定义，只是需要随着心去填充即可。让家里的每一处地方都充满自己的味道，无需去考量太多，只需要静静地安居其间，偶然对着天空和远方，致敬一杯清茶，以湖为居，足够了。

· 思考 在完工之后

家的定义？
——各取所需的空间格局

家，从形意上来说，是将人们包裹、给予保护的生活空间。一个只是拥有华丽家具，一味追求奢侈高端的用材和装潢的空间设计，不能算是幸福的家。

或许，在更多时候我们更应该在“乱花渐欲迷人眼”之后回归最初的起点：如果硬要分一个主次详略，我们要把什么紧紧抓住？一种自然和谐、充满乐趣，能够让人觉得心情畅快、颐神养性的生活情趣，相比于华丽的堆砌、形式的雕琢，会更具吸引力和感染力。

于是一切空间设计的中心思想变得简单而清晰了。一个充满童趣的儿童房，一个为父母准备的、充满温馨暖意的客卧，一个干净清新、能够挑动食欲的餐厅，一个方便太太做饭的厨房设计，一个浪漫轻松、能够大片大片收藏阳光的主卧，可以与心爱的人幸福同眠的空间……最好的家，不一定最华丽，但一定要做到心满意足，成为灵魂真正的归属。

星艺24细节

吧台之爱二

友情的保持可以长存，
有吧台就有
"好朋友，永远不氧化"的畅通。

24个细节
24种爱

Case III
猫度空间

那日秋风飒爽，
慵懒的安安在草地上晒着太阳，打着瞌睡；
那日秋风飒爽，好动的斑斑追着滚动的塑料袋，
打扰了安安的美梦，
当慵懒遇到好动，当美梦被惊扰，
自然免不了一场“猫架”，随后他和她相遇了。
故事开始了，从猫开始，以它们延续……

设计师：**涂天宝**
Tu Tianbao

设计师：**杨磊**
Yang Lei

项目地点：贵阳保利温泉二街区
设计风格：美式田园
主要材料：猫、仿古砖、墙纸、乳胶漆、麻绳、星艺专用饰面板等

· 设计背后的故事

这是我从业以来遇到的最为有意思的案例之一。

那天，天气不错，在公园的长椅上，我和这对80后小夫妻第一次见面，一胖一瘦的两只猫咪在远处的草坪上挤在一起，懒懒地晒着太阳。

L说，一定要给我们的“媒人”留一个专属的空间。

K则更为直接，“可以牺牲掉休闲花园，但必须有她们玩耍的地方。”

我被这对80后小夫妻的直率和童真深深打动了，在我以前所做的案例中，虽然有很多业主提到要给宠物留出个空间，但是绝对没有到达要用浴室去“换”的地步。

出于一个朋友的角度，此刻我特别理解这对年轻的夫妻对于家中环境，确切地说那个“猫的国度”的空间设计有着特殊的重要性。它必然是一个以猫为主题，以猫为出发点的考虑。然而，出于一个专业设计师的职业素养，如若真的如同客户所说，依靠牺牲浪费众多的空间而换取猫咪的玩乐场所，依靠压榨人们的生活空间而去迁就于猫咪，长久看来这样的设计也是不够稳妥、合理的。

尽管没有太多现成的案例和经验可以参考，但是经过业主要求与空间布局的划分安排之后，我总算是跳脱了常规思维，以一种独特的视角去很好地将二者综合为一，达到一种巧妙的平衡，又能充分地展现设计思想。

猫咪的房间

两周后的一个傍晚，一个创意突然之间闯进了我的脑海中，何不做出一套以猫为主题的空间，让猫成为居室的主角。相信他们不会拒绝。

当我们再次见面的时候，是在公司的接待室，这次两只猫没有来。我把自己的设计构想和空间的划分向这对小夫妻详细地解释了一次。

“我们可以以爱宠‘猫’作为设计主题，在客厅、餐厅死角一些小猫平时活动频繁的空间，设计出供猫玩耍的‘楼梯’、‘步道’，由静态感观联想到动态美!”

“我们完全没有必要给猫留出单独的空间，那样反而更像是一种圈禁。将猫的需要打散，布置在房间的角落中，这样不但能够满足它们的玩耍需要，还能留出更多的空间。”

无需过多的解释，方案获得了小夫妻二人的认可，很快进入了施工阶段。

半年后，我收到了L的彩信，两只猫咪在房子中玩耍着，自由而活泼。

照片下面是L的留言：“它们很喜欢这里”。

· 设计师手札

这是一次与众不同的设计经历，一对小夫妻，一双小猫咪，一次以宠物为主题的设计，一切都在路上，一切都有可能，一切都需改变。

命题作文的基本点也许正是主题先行，而如何破题则是关键所在。

从主题的锁定，到家居的后期陈设，乃至是家具的选择，往往细节转角之处更为需要注意。传达的往往不仅仅是一个主题，还是一处处细节的到位思索。如果，仅是定了主题，而没有细节的考究，也许结果可能不会抵达我们所期望的。

家不仅仅是满足生活，很多时候找到主题才是关键。

·思考 在完工之后

你要和谁住在一个房檐下？
——他、她、它

家是什么？

可以是一颗钻石的迷倒万千，可以是一种色彩的风华绝代，可以是一抹朱华的惊艳天下，可以是……

其实这些都不是家的中心，家的中心是和谁住在一起，和谁一起分享你的朝起暮落。

当我们因为时代的逼仄，而无法全然选择自己的伙伴时，那么请至少在家中选择一个你期望的同伴吧。在同一个屋檐下，哪怕外面是风吹雨打，哪怕外面是繁华喧嚣，我们都可以固执地躲在角落里，喝茶，或者是简单地发呆。

当一个人的时候，除了影子，至少还有一个温暖双手的所在；当万籁俱寂的时候，至少还有一些声音让你感觉到温馨就在身边。

家，其实就是这么简单而已，找到他、她、它。

星艺
24细节

吧台之爱三

有山石，
有绿树，有灯光，
有家人的照片，
吧台就有了温情。

Case IV 定制一片理性的空间

理想的工作空间应该是怎样的?
温暖的，舒适的，可以满足你有关安逸的所有想象，
可以让你在任何一个时间找到最舒适的一种姿态。
方便的，高效的，可以让你在最短的时间内走到你需要的空间，
可以让你用最高效的形式建立一种氛围。

设计师：**李幼群**
Li Youqun

&

设计师：**潘熙源**
Pan Xiyuan

项目地点：世纪城2号商务楼9-10楼
设计风格：传统经典
主要材料：地面—仿古砖+马赛克+多层实木地板、墙面—墙漆+墙纸、顶面—乳胶漆+局部墙纸、所有家具公司定制

· 设计背后的故事

都市里的工作节奏日益加快，人们待在办公室里的时间也许比待在家里的时间还要多些。如果说居住类空间是温暖的、亲情的、具有休息与放松氛围的，那么办公类空间则是高效率、竞争性、级别分明的，是理性的工作场所。办公空间室内设计最大目标就是要为工作人员创造一个舒适、方便、卫生、安全、高效的工作环境，以便更大限度地提高员工的工作效率，并建立一种人与人、人与工作的融洽氛围。

有文化的厅室

进厅是企业带给客户对企业第一印象的场所，一定程度上体现整个办公空间的设计的风格。进厅一般有接待、收发等服务性功能，设计时需要对企业形象有准确的定位，并清晰地将企业文化内涵表现出来。

门厅设计去掉多余的墙体，让空间流动起来。前台采用简洁大方的直线处理，体现企业家的干练大度。背景用标志定做成的模块，既有企业感又有美感、特别感，与边框同样采用金属色漆，又不失高贵感。考虑柱子加上消防栓有2.3米，分为三块企业文化墙，展示的同时解决了消防功能问题。前厅设计强调了入门的第一印象，温暖明亮又独特的光源，对每一位来访的贵客以及公司的员工表达了明朗的欢迎。

高层会议室则以稳重大气的空间需求为主，亮丽的光源、温馨的墙面加上油画表达的中国画，兼得两者的优势更能衬托空间的氛围。大型会议室讲究灯光氛围，光线温和却又不刺眼，水吧台的设置，则完善了大会议室的功能，避免人员在交通上的拥挤。

有秩序的空间

与一般员工办公室不同的是，管理者办公室的设计与管理人员的级别地位有直接联系，根据工作地位、访问者人数等确定面积与设计风格。面积最小不小于10平方米，有时需要配置秘书间、专用会议室、卫生间、会客间和休息室等等。装饰风格宜庄重典雅，体现企业的形象和实力。

董事长是企业的掌舵人，是企业运转的决策者，由此办公室的设计必须大气、有内涵。董事长办公室拥有全套的设施，在色调上稳重又不失品位，大气而又不失典雅。办公室的天花处理也是个性十足，不用市面上常见的灯具，而是设计施工出来的。在家具的选择上也是全部定制，其实不止是董事长办公室，集团所有家具都以定制为基本，这样呈现出的不仅是企业的实力，更是企业的品位。

·设计师手札

设计中的秩序，是指形的反复、形的节奏、形的完整和形的简洁。秩序感是办公室设计的一个基本要素，办公室设计也正需要运用这些原理来创作。营造办公空间的秩序感，所涉及的面很广，如家具样式与色彩的统一；平面布置的规整性；隔断高低尺寸与色彩材料的统一；天花的平整性与墙面不带花哨的装饰；合理的室内色调及人流的导向等。这些都与秩序密切相关，可以说秩序在办公室设计中起着最为关键性的作用。

·思考 在完工之后

办公场所 这里终究不是一个人的家

其实当前关于办公场所的设计已经初入两级分化的趋势，要么过于照顾个人的舒适，要么过于偏颇整体的功用。其实办公场所更多时候占据了我们每个人一天中的所有黄金时间，因此使其舒适一些并没有过错，我们需要注意的是，这里毕竟是整个企业的办公场所，要以满足所有人的工作为先，毕竟这不是一个人的家。

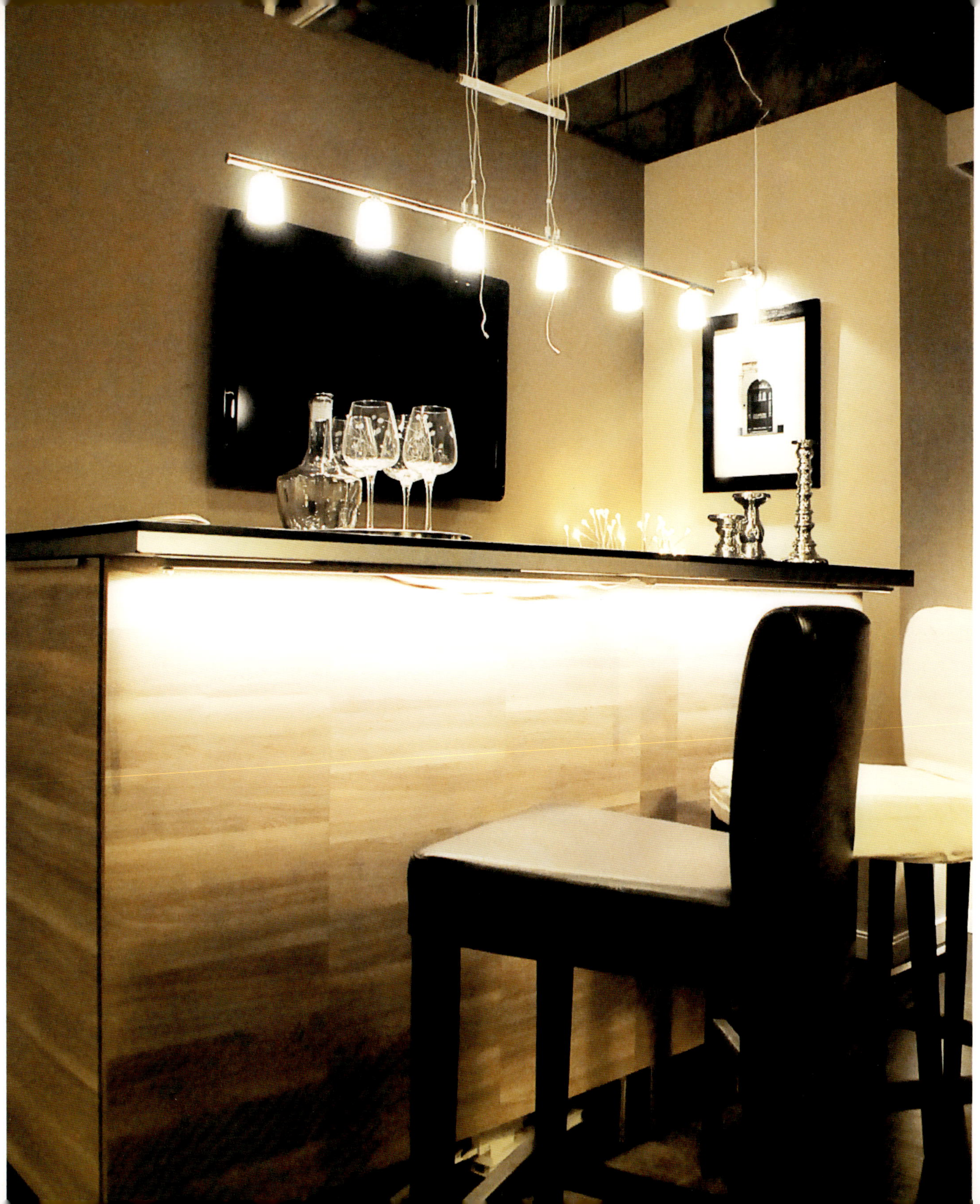

星艺
24
细节

吧台之爱四

电视只是陪衬，不是大厅的灵魂，
于是移到了吧台，需要情调时，
需要激情时就打开，
而更多的时候电视需要关闭，
电视是情感的障碍，
因为干扰了人与人之间更深的沟通。

Case V
自然风 淳朴韵

脚步曾经停留在一个地方，深深地爱上了那个地方的风俗，
心里还在疑问是否上辈子曾是这片土地的人，
何以今生偏偏一见钟情地思恋。
忘不掉就记住，在自己的房子里，保存那时的心情，直到永远！

设计师：**涂天宝**
Tu Tianbao

项目地点：龙砚东山
设计风格：东南亚风格
主要材料：材料仿古砖、草席墙纸、拼花地板、纱帘等

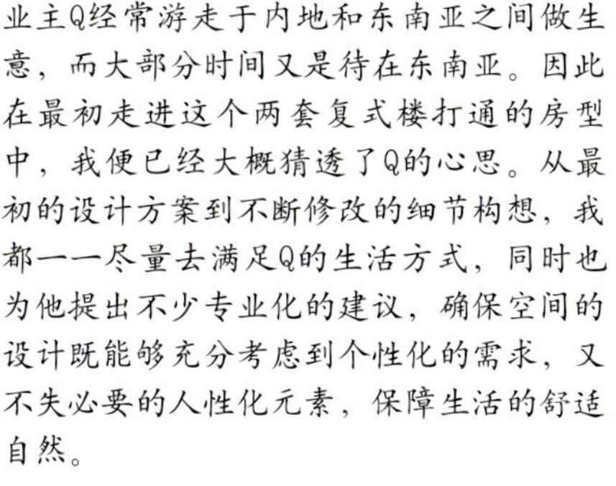

·设计背后的故事

业主Q经常游走于内地和东南亚之间做生意，而大部分时间又是待在东南亚。因此在最初走进这个两套复式楼打通的房型中，我便已经大概猜透了Q的心思。从最初的设计方案到不断修改的细节构想，我都一一尽量去满足Q的生活方式，同时也为他提出不少专业化的建议，确保空间的设计既能够充分考虑到个性化的需求，又不失必要的人性化元素，保障生活的舒适自然。

考虑到Q非常喜欢东南亚风格的自然、淳朴、休闲，但不喜欢太复杂或烦琐的墙面造型，对此，我将现代简练的设计手法充分表现出来并注入东南亚元素。从地板的色泽、材质、形式的甄选，室内灯饰的样式、造型、安装的位置，到摆放的饰品、原木质感的收纳柜、格栅门以及隔断、插花等各种元素的选择，都使得整个空间充满了浓厚的静谧感与纯粹的自然风味。当人走进其中，就会不自觉地放慢脚步。

东南亚风情的追求

东南亚建筑风格，因为地处热带地区，房子的建筑模式需要空阔通畅，纯朴自然的森林风情流露在日常的生活环境中。回到亚热带这一边，当然房子的结构模式需要贴合当地生态环境，对于东南亚的风格的追求，只是在艺术感觉上给人以东南亚风情的美感而已。木质的元素使用就是东南亚的基调，同时根据艺术的表现，格窗和纱布的表现是不可忽视的，这是东南亚的建筑的艺术表现手法。

椅背和扶手的设计舒展优美，简洁圆润的线条流畅生动，犹如行云流水般以东南亚情调的家具演绎了豪华高贵的风格，西方的设计概念同样为其注入新的设计元素。设计优雅的沙发，别致精巧的色泽搭配，再加上粗壮的椅脚和厚实的靠背、圆滑的扶手，又让典雅椅子的设计更显得自然而深邃。搭配闪闪发光的水晶灯与高大的石雕，使得高雅的品位自然流露，成就一个别具调性的居家空间。

地域艺术与现代技术的交合

同时，也充分结合了Q的艺术追求，在运用现代艺术的表现方法，粗犷的视角表现，在暗淡的灯光下，质朴的自然韵味就在流光中展露而出。红色的木质桌椅，连体的柜椅结合，那样的东南亚生活就显露在眼前。水晶吊灯的点缀，这是在暗光的房屋里需要灯光调节，使得暗淡的房屋有温暖的感觉。客厅电视墙通过格子木雕，这样的风格就是东南亚的楼阁表现方式，电视柜采用柜式装饰，用一些相片框架、书籍以及艺术木雕来修饰，再配合陶瓷的陪衬，电影视角里的常见东南亚客厅就在人的眼前。

桌椅的设计和摆设，在木质的情韵里，融合东南亚的制作方法，雕窗画木，格子的木框艺术让人醉心不已，围着一张椅子的下脚，表现出坐具在东南亚很讲究的文化思想。而桌子却简单很多，能够放置一壶茶，一杯水，几个陶瓷杯子就可以。这种对比强烈的桌椅装饰比例，让人感觉新颖很多。对比于中国传统的木质桌椅的厚重，讲究端正稳重的性质，东南亚的轻松活泼更灵动，虽然粗犷的存在，不免也有圆润的表现，那种自然的风韵尽显其中。

·设计师手札

在接到任务的时候，复式宽阔的空间，让我有些措手不及。如果不想让空间太呆板，或是太繁复的话，那就需要有一个适当的风格，不然无法把握住全局。Q表明了自己的生活经历，所以我瞬间就明白了此案最重要的思想仍是在于最大程度地尊重并创造Q心中所想的一切，给予他最想要的生活。与此同时，如果只是单纯地表现东南亚风格的自然性，未免过于单调，容易引起审美疲劳。因此，我又在其中加入了不少现代设计的元素，将整个空间在“自然”的基础上“盘活”，又让它在变化的形式中带给人一种恰到好处的新鲜与转折。这样既保证了业主的个性化需求，又使得空间不至于显得沉闷呆板。这也给了我一个启示：设计师未必就一定要将某种单一的艺术做到极致，适当的融合与不同风格的互补，其实也不失为一种带给人全新感受的创作。

·思考 在完工之后

家的空间
要什么来填充？

家，其实就是生活方式的直接体现。选择家，其实就是选择我们的生活方式。

不被地域限制，不受风格羁绊，一切归功于功能、色彩、材质，归于实实在在的物体。

心归何处才是家？也许，在最自由的享受中，我们过得随性自在、轻松简单，那便是最好的答案。

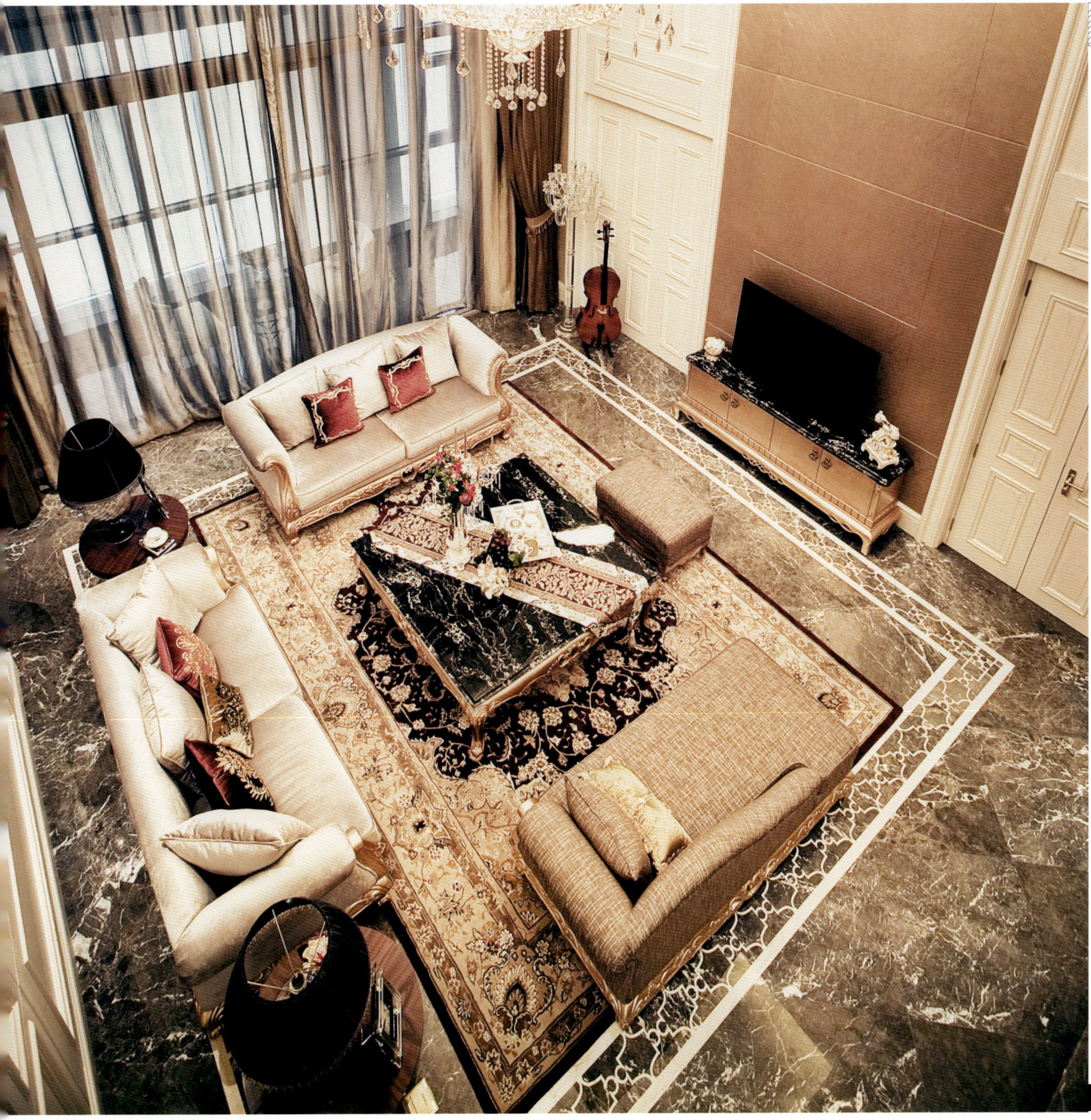

星艺
24
细节

大厅之爱一

大厅里的沙发不必靠墙而放，
躺卧在沙发上看报、看电视、小憩时，
妻子便有了从后面抱住你的机会，
舒适的摆设成就别具情调的幸福。

爱回家 24个细节
24种爱

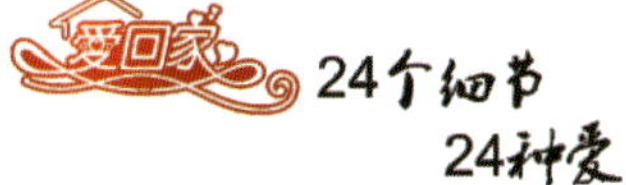

Case VI
古风诗意
新庭晨曦

设计师：**刘明**
Liu Ming

项目地点：贵阳云岩广场
设计风格：中式
主要材料：拼花木地板、微晶石、大理石、仿古砖、水曲柳饰面板、雕花木格、墙纸等

一幅幅洋溢着墨香的山水画卷，勾勒出画卷中的中国情怀，
朱红色的家具与圆形拱门，将传统生活跨越时光的洪流递呈至当代都市。
一盏清茶伴着几许话语嫣然，围着一张桌子谈笑生活的故事，
跨过一道门，工作与生活彼此遥望。

· 设计背后的故事

在近些年流行的设计风格中，中式风格始终是波澜不惊的样子，尽管很多人钟情于中式，但是当设计作品效果出来后，大部分人立刻改变了主意，那并非是想象中的中式生活。近些年接触过不少这样的例子，因而对于中式也是敬谢不敏，但是此次却是无法推脱，这是一位老朋友的托付。几经考量，最终决定以中国传统文脉为脉络，继承传统与现代的结合，营造一种既传统又轻松、既现代又有内涵的办公与居住环境。既然传统中式丧失了生活的功用，那么就以现代风格为之注入生活元素，这正是这个案例的特性所在。

消解中式的外在

传统中式往往会使居住人产生繁琐、压抑的感觉，只要设计中出现些许的错位就极为容易令之将这种感觉无限地放大，而在元素的配合上只要出现少数的数量偏差，更是容易使人产生乏味、琐碎的感觉，进而产生审美疲劳，让中式无法散发出应有的魅力。

懂得舍弃

在中国传统儒家思想中，“懂得舍弃”是重要的思想之一。具体到家居设计中，“舍弃”不但为居室留出了空白，更是让以“繁复冗杂”著称的中式风格进入了追求简约的现今化时代，令之更为适合现当代生活节奏，也自然能够嫁接办公需求。

在此次设计中，业主自购家具中的红木家具占据了很大的份额，亦投入了很大的精力和资金，如何让这些红木家具发挥出应有的作用正是此次设计中的难点之一。最终在设计中，决定以烘托家具的整体感觉为主，而不是“各自为政”，让所有的家具都成为整体中的一份子，组合呈现出中式古典家居生活的典范情调之美，正合“只有懂得舍弃，才会拥有”的主题思想。

此次设计对象是一位挚爱中式传统风格家居的业主，几经考量最终决定以中式传统家居生活不可或缺的传统文脉为脊梁，以节约中式的设计风格为主线，配合现代的用材，如镜面，茶镜雕刻等手法，营造空间的灵动氛围，采用毛面的材质与中式家具细腻的符号相衬托，达到肌理上的多变。

在中式风格家居生活中，传统文化元素是必不可少的一部分，而伴随着人们生活方式和思想观念的转变，许多传统中式生活元素逐渐退出了生活舞台，唯一不变的就是传统文脉始终不曾被历史摒弃。随之，中式设计要想永恒，必然需要传承不变的文脉，“青花瓷”、“雕花木梁”、“书法”等要素亦是为烘托此种文脉而存在。

· 设计师手札

在此次设计之初，如何将办公空间巧妙地融合到中式家居生活中是一个难点，毕竟在传统中式家居生活中只有书房，而无办公空间。几经考量，最终决定打破现有中式生活的格局，巧妙地将现代家居空间理念融入其中，经过现代时尚生活风格的消解，让中式焕发出与以往不同的风格和生活内容。

工作与生活巧妙地结合为一体，通过拱形门进行分而未断的巧妙隔离，各有所处又巧妙衔接，最终将传统中式生活沉淀在现代的氛围中。

· 思考 在完工之后

在传统中涅槃新生

创新历来是一个难题，在设计界尤其如此，虽然近些年各种设计风格汹涌而来，但是能够真正站住脚跟，赢得大众普遍认可的并不多。几经岁月洗练，最终留下来的仅是凤毛麟角，其他的多是短暂喧嚣之后就彻底沉寂。

古典、现代、中式、法式、华贵、简约等等，其实这些流行的风格仅是一层壳子而已，设计师需要做的就是将之剥离开来，找到适合自己的，更是找到适合业主需要的，这就足够了。

星艺
24
细节

大厅之爱二

电视只是陪衬，
不再是客厅的大背景，
被移到了餐厅，
只作为了看早晚间新闻的工具，
少了电视，我们就有了更深的沟通，
与妻子，与孩子，与父母，与友人。

设计师：**李幼群**
Li Youqun

&

设计师：**刘青峰　贾峰**
Liu Qingfeng　Jia Feng

项目地点：金华世家　设计风格：古典中式
主要材料：实木、墙画定制

Case Ⅶ
一池清莲 静待飞鸟

“出淤泥而不染，濯清涟而不妖，中通外直，不蔓不枝，香远益清，亭亭净植。”
“我要送你一室青莲，当我不在身边的时候，无论是据床遥望，还是灯下画眉，你都能嗅到那淡淡的暗香。”
“从明天起做个幸福的人，面朝莲塘，静待飞鸟。”

设计背后的故事

故事的起源要追溯到许久之前。

那一年，在南方名校池塘边的一张长椅上，她静静翻阅着一卷《伽蓝经》，沉醉在那些古老而迷人的故事中。夕阳渐晚的柔光经过满塘荷叶的折射，为她披上了一席淡淡的轻纱，柔美而端庄，恰若那句千古之言：可远观而不可亵玩焉。

而打池塘边小路走过的他，却是在这个最美的时间遇到了这最美的时刻，那一刻，他的眼中被满满的青色充斥，脑海中只有这一帧画中的世界。

千山暮雪，相濡以沫

这是一个日渐浮华的时代，当功利愈来愈多地加之于情感之上后，似乎爱情早已不再纯粹，“大难临头各自飞”也早已不再是新闻了。但是，无论时代风气怎样地变换，一些人依然能够让我们相信一份爱情。走出最初的甜蜜，在生活的磨难和强迫面前，没有了玫瑰，只有青菜，告别了书画琴棋诗酒花，整日面对着柴米油盐酱醋茶，失去了花前月下却是赢得了一份天长地久。

初出大学的他们，在现实残酷和生活的压榨下不得不放弃了年少的梦。曾经见过太多的校园情侣，一旦走出象牙塔，面对现实种种的不适应，从争吵到分别，往往仅是几个月的时间而已，相濡以沫的却是少之又少。

但是他们坚持了下来，他开始闯荡，她则是在背后默默地付出着，用心经营着一个租来的小小的家。每日当灯火阑珊的时候，带着大把的疲惫回到家中，他总是可以看到那盏午夜中昏黄的灯火，如同大海中的一盏灯塔，在指引着这艘伤痕累累的船。

其实，当初以她的条件，身边不乏比他更为优秀，也更为具有条件的人，但是就如同冥冥中的注定一般，她就是那样义无反顾地选择了他。哪怕是在他一无所成的时候，依然决绝地厮守着。也许他们之间曾经有过不为人知的小故事，但是现在看着这个幸福而美满的家庭，也许祝愿是唯一的情愫。

如歌之家，逸然安泰

当我在筹划这个设计的时候，男主人多次找到我，希望我在设计的时候更多地照顾女主人的兴趣和爱好，这个家亏欠了她太多。

“在那个时候，连我自己都要放弃了，但是她依然默默坚持着。多少个夜晚，在漆黑的路上我都想到过放弃，但是每次望到那盏夜色下的灯火，我就知道自己必须要坚持下去。”

“她是一个青莲般的女子，却是在现实面前折下了高傲的脊梁，所以我一定要给予她一个满室清香的青莲般的家。”

同样身为女子，我为她的幸福而祝福。

我想他是真的幸福，无论曾经遭遇了怎样的风雨，无论自己曾经面对了怎样的困境，只要家中有个期盼的人坐在那里，用一盏灯火等待晚归的人。所有的疲倦就会如微风过境，不留丝毫的涟漪。

遇到她，是他一生的幸福，她又何尝不是如此呢。

在设计这个家的过程中，我和这对青莲般的璧人相交日深，渐渐晓得为何他们是如此地挚爱着古老的中式风格，在我所接触的中式家居的圈层中，他们的年龄无疑是最小的，但是他们的挚爱情怀却是最深的。

不同于大部分中式拥簇者们更为倾向于将中式家居打造得富丽堂皇，甚至为了整体的格局和气韵而舍弃了生活的舒适，他们的要求则是舒适为先，内蕴为主。

因此在设计的过程中，我将许多现代生活中必不可缺的生活设施通过色泽的搭配和整体的布局与整体风格巧妙搭配，营造出一种舒适的生活氛围。大把的暖色调，随处可见的中式家具，繁盛而碧绿的室内盆景植株，碎花与色调搭配的布艺，室外露天的茶座中更是布置了现代简约风格的座椅，柔和的灯饰搭配着中式的外形，整体厨房的中式定做等等，将这个中式风格的家装点得安逸而舒适，不张扬、不奢华，有韵味、有情调。

圆形的拱门，大幅的壁画，古典的小装饰，隔断技术的巧妙采用，室外空间的留白，室内空间的分割与组合，在这个现代的中式家中，并没有完整克隆，而是巧妙地衔接，家的舒适与古典中式的韵调，是我一直关注的方面，也是这个家中最妙的一点。

“我们很喜欢这个家！”

在交付设计两个年头后，我收到了这份熟稔的认可。

我知道，这对青莲般的璧人一定生活得很好，那里有飞鸟，有花开，更有满塘的青莲。

· 设计师手札

苏联美学家鲍列夫曾经说过：“人们习惯于把建筑称作世界的编年史；当歌曲和传说都已沉寂，已无任何东西能使人们回想一去不返的古代民族时，只有建筑还在说话。在‘石书’的篇页上记载着人类历史的时代。”

在本案设计中，青莲池彩的诗画意境间体现的是以“江南水乡”为主题，彰显着徽派风格——粉墙黛瓦的设计理念，同时也巧妙地融入了小型会所功能，使得空间合理分配变化，局部融入风水元素，已达到中国传统文化和现代文化的结合。

而我们设计师，需要做的就是，让这深远的沉淀不孤单、不呆滞，我们需要的不是一页化石中的复刻，而是真实鲜活的生活。

· 思考 在完工之后

时光的况味
——在老去中新生

对于一千个设计师来说，关于“居家品位”、“生活品位”、“审美价值”会有一千种不同的观念。然而，就在这些风格变化、各有讲求的空间中，一种源于我们内心去认定的，属于时光的品质况味又是怎样呢？

从盛唐两宋的诗词华句，到现在流光溢彩的现代诗，其实人们之于生活的感情更加丰富了，而形式的改变却不会丢失最初的感触与精要的总结。有些东西是时光永远洗刷不掉的，譬如真实的情感，譬如淋漓尽致的表达。中式风格或多或少也与此类似。流行元素的适度添加，经典细节的精心呈现。有所失也总会有所得，而这样的过程却为我们带来一种全新的享受，也确保了居家生活中所需的精神诉求应有尽有。过去与现在，经典与新潮，延承与创新，看似矛盾的存在，却在和谐的统一之后，更富感染力。

一边老去，一边新生。于是，这样的文化传承便绝不会断代。其实，也不只是中式风格，更多的，只要是人们仍在改变、付出着的，不也都如此吗？

星艺
24细节

大厅之爱三

大厅的灵魂，
可以是一大幅主人丰富的经历照
或是与家人过往的合影，
在海外，在国内的……
也可以是一排排值得珍藏的旅游挂件，
在北欧的，在非洲的……
这就是爱。
客人进门后，一眼便知主人胸中的世界，
一眼便知主人家的温馨。

24个细节
24种爱

Case Ⅷ
酒茶之间的和舍哲学

中国文化源远流长，
最后尽数复归成了酒茶文化的交织与融合。
如酒，酿之于细、藏之于久，
品之则浓，香而飘溢；
如茶，源之于野、长于自然，
尝之则醇，回味清新。

星艺·阆品设计

项目地点：金华世家
设计风格：新中式
主要材料：仿古砖、青石板、
木格栅、墙画等

· 设计背后的故事

爱喝酒的人不一定有诗情，反之则是多少对于喝酒饮茶这类传统国学的精华之处有着自我的一份理解。有幸相遇本案业主是得缘于朋友的引荐，在一个下着暴雨的午后，我接到业主阮先生的电话邀请我赶去一处距离工作室不远的茶楼相谈。待我赶至，业主阮先生早已选好一处靠窗的位置坐下，他的面前置了两杯清茶，旁边是一杯红酒，而他则自顾自地看着窗外暴雨倾盆淡然风轻地饮着杯中热茶。在对我施以歉意之后，阮先生开始和我谈起了他的人生哲学："你知道人生其实是很复杂的，但在我看来若是总结则就用这酒和茶便足够。酒的浓香和茶的苦涩，酒的醇郁和茶的清鲜，酒的久酿和茶的滋养。我要你帮我设计的家，便是这样的一种空间，里面蕴藏的是这样的一种哲学。"我不语，而阮先生似乎也没有继续再说什么，只是请我喝茶品酒。就这样两人对饮着坐到雨小了，我起身告辞，临别时问阮先生道："那，所有的装修材料呢？"阮先生浅然一笑："情至即可。"我转身拜别。

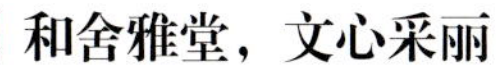

和舍雅堂，文心采丽

我常遇到在装修中细致深入甚至是苛求到每个细节如何处理的业主，而阮先生这样随性到有些漫不经心的人，我却是遇到不多。经过再三思量，我决定将阮先生所强调的酒茶哲学以新中式的整体居家情调尽数诠释。在选取了仿古砖、青石板、木格栅、墙画等一系列独具中华古典元素的材质之后，缺少的便是以怎样的一种整体布局来使得设计的空间里既能充满着传统中式文化中温文尔雅、尊贵不凡的大气与风采，又不缺少如同阮先生所言的"酒的浓郁、茶的清冽"，一种界于两者不同却又互通的思想之中所呈现的感知。

于是，在秉承中式部分元素及做法的同时，我还在色调上选用了更多的暖色调来协调空间的整体明度，使得空间轻松、年轻了不少。红黄的搭配将闲适的感觉衬

托出来，复古吊灯与壁画、门帘、中式家具、镂艺雕花以及绿色植物、池水的加入，特别是书房中整体呈现的木质岁月感与餐厅中独特的圆桌设计，将和谐自然的情调毫无痕迹地表露。而客厅中间的柱体采用青石板水刀加工雕花的工艺，可谓点睛之笔，同时也使得整个局部空间中仿佛有了历史的质感。当岁月沉淀了千万年，留下的，正是在这之中不必言语的静心与期守，寂然相知相惜，便是对生活最好的交代。

我有些忐忑地在本案设计结束之后再一次请业主阮先生来看看，等阮先生四下走动看完之后，他又请我去喝了一杯茶。那杯茶的温度沏得刚好，不温不热，我想，那便也是阮先生的态度。

· 设计师手札

从求学时代开始，我便对室内设计定下一种自我的衡量标准。在我看来，一个优秀的设计作品，不是看材料运用得有多高档，或造型做得有多独特，而是这个空间能否带给你趣味和舒适。无关风格的变换，无关材料的殊异，也无关细节的打造和立意的不同，生活的空间不论如何创造，最终都是要归还于生活的。而生活需要的是顺从轻松自然、舒心怡情的方式，以那样的节奏才能让人可以更加深刻地去感受其间包含的、平淡中拥有的不俗品位。在本案的设计过程中，无论是业主的想法，或是我的设计理念，也都在于一种顺势而为、自然而然的安排中全然呈现，而非矫揉造作的刻画。

· 思考 在完工之后

居身不易
栖心更难

有人喜欢地中海的浪漫高雅，就有人乐于用美式田园的经典怀旧来装点空间。对于风格优劣好坏的评判历来是从不间断也从无定论的，这是因为人们往往只看重了外在形式的表现，而忽略了我们内在需要的东西。

我们真正需要的生活空间是什么？

那当然不是材料的堆砌，而是一种能够真正契合我们的人生观、生活观的居住环境。想要亲近自然，便有木竹花草；想要海滩风情，便有海螺贝壳。栖身之所，承载的是一种无形的理念，有时这样的理念甚至是难以言喻的，而仅是一种感觉。在信息洪流的时代，这样单纯地偏执于内心的追求就愈加可贵。这就要求设计师在职能修养的同时，更要加强生活的体验与思考总结。

居身不易，栖心更难。当代的室内设计已经不单纯是挥洒于空间的创作，而是具象的事物表现与抽象思想的碰撞和相互彰显。

星艺 24 细节

阳台之爱一

阳台要有洞天，
在别墅，
从大厅可以看到一山一石一水，
人需要自然。

Case IX

浓浓咖啡愁生发
蓝蓝海天忧无影

咖啡如一湾浓浓的愁，醉心无际。小勺轻划，淡淡的痕，纹到心灵的忧伤。
蓝蓝的房，加勒比海的颜色。天和海的相对，默默无言。
眼睛掠过，静静地坐着摩挲时光。

设计师：**张锴贤**
Zhang Kaixian

项目地点：护国路中东大厦
户型结构：田园混搭风格
主要材料：地仿古砖、茶镜镜面、墙纸、饰面板、乳胶漆、软装配饰、水晶珠帘、马赛克、墙画等

· 设计背后的故事

一段故事的开始，或是一场缘分的结束，在一个熟悉的地方，那里藏着暧昧的记忆，只能属于一个小小世界的拥有。在一座城市的纷乱里，能够拥有一个空间暂栖一下心灵是很惬意的。H一直寻找这样一个地方，可是她并没有如愿以偿，跑遍一个城市的各个角落，终不能寻到一处值得坐下来的地方。后来，H萌生要开一家咖啡厅的想法，于是把工作辞掉，安心去经营属于自己的梦想。

云水情 浪漫调

去咖啡厅，沉浸一个艳阳的午后，邂逅一些陌生的人，记着那种表情，看着那些动作，或优雅，或粗鲁，喜欢或是不喜欢，陌生就是陌生，也不用在乎那么多。其实，咖啡厅更属于女性，偶尔来一些情侣，所以这个空间的氛围要柔和、安静、温暖。在那里，用一个周末的时间，读一本很感性的文字集，是那种有诗意的文学作品，可以肤浅，但不可以不优美。

海蓝色的基调，这是非常合适的，浪漫的氛围，四周的幽远，给人遐思的空间。蓝色，不能够过于绿，绿会让人感觉浅，也不能太过于青，青会让人感觉黑。

泛蓝也不是，挂一些画，如果表现个性一点，可以挂自己去远方旅行的画，是用相机拍的，也可以是自己亲手画的。还是大众一点好，毕竟是一个公共空间，所以挂一些水墨画，是那种简单而清新的，数笔就能勾勒一个充满幻想的世界的画。要么挂一些关于咖啡的照片，让人目染而垂涎三尺的感觉，再怎么说也是作为商业咖啡厅，能够有一点点收益才能养家糊口。

读诗书 品咖啡

人们来咖啡厅，并非只为口渴而来，也非为了咖啡而来，要的是一种空间，休憩心灵的空间，所以藏一些诗书是必要的。书不能太专业，就是那种随心的，看过也就忘了的，但是很容易入目，淡淡的文字意境，一翻就是爱不释手的那种。城市的奔波忙碌，街市的吵吵嚷嚷，要是想要安静，除非去一趟乡村，可是对于一个上班族来说，是没有那么长的时间去旅行的，所以趁着工作的间隙，在咖啡厅泡一个小时，那是心灵归于田园的安然。

H的装饰风格就混搭着欧式田园的风情，在里面，也可以点一些红酒，领略远方的生活情调，品味浪漫的生活趣味。坐下来，从书架上取一本书，或许有喜欢的某个作者，也可以不用知道什么名家，就是在翻开书页的那一瞬间，心中便喜欢上了他的文字，然后就着一杯咖啡，静静地看一会儿书，再放下手中的书，品一会儿桌上的咖啡，放松心态思想一些存在的意义。书，无论作者是否出名，都会是好的，只要有心阅读，一个字也充满诗意。

·设计师手札

对于“云水蓝”主题咖啡厅设计，需要采用深沉、浪漫的深蓝色和紫色为空间主色，加上舒适的设计布局，营造出舒适宜人的休闲咖啡厅环境。完美的设计、潮流的元素、女性化的空间，在繁华都市生活的闲暇时间中，静心踏上体验欧式田园混搭风情的心灵旅程，品尝着浓香的咖啡或异国风情的红酒，清心地随着直觉引领，觅得找寻已久的心灵出口。

·思考 在完工之后

咖啡厅，个性化一点，
还是大众化一点，是不是要看个人的想法？

咖啡厅，作为商业空间，如果不是刻意地表现个性，那么就装饰成大众化一点，随便任何一个人都能接受的风格。在这个时代，有很多做成功的个性咖啡厅，但是那样的顾客源是小众化的。如果在人生中，把开咖啡厅来当作事业做，那么最好是选择大众化的风格，这样若是运营模式成功，还可以开发成连锁店。如今，生活的节奏也发生变化，咖啡厅已经成为一部分人的归去来兮，所以有需求就有市场，咖啡厅在如此时代面前应运而生。咖啡厅是一种生活调味品，人们选择去往哪一家，是因为那一家有喜欢的味道，有喜欢的风格，因此在做装修之前最好定位一下消费群，然后再选择一款适合大众口味的风格。

星艺
24
细节

阳台之爱二

与妻子的烛光晚餐，
十五赏月，七夕之夜品一杯红酒。
与友人的品茶，
慢下来，谈谈各自的内心。
或是一个人的私密空间，
静下来，回味。
阳台不应该是单纯晾晒衣服的地方。

Case X
田园牧歌
相守幸福家

最好的居家不等于大房子和贵重家具，
小空间也能容纳更多幸福。
一抹阳光折射入窗，
一缕轻风捎来清凉，
家人相坐、相饮、相依、相望，
生活于此，大美之至。

&

设计师：**钟焰鑫**
Zhong Yanxin

设计师：**钟艺**
Zhong Yi

项目地点：中铁逸都
设计风格：现代田园
主要材料：红橡木、硅藻泥等

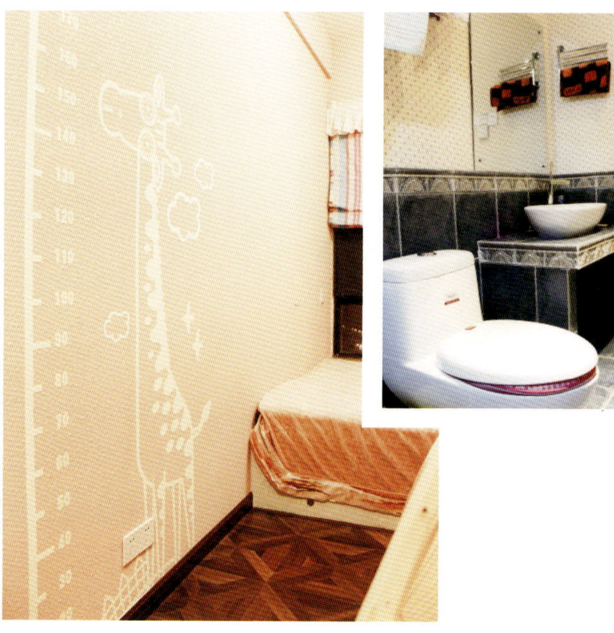

· 设计背后的故事

常有朋友问我关于设计的看法，其实长久以来我始终觉得设计并不能算是严格意义上的艺术，更多的它应是一种基于生活化、功能化的创作，而不是纯粹想当然、毫无约束的表达。特别是在我遇到业主F，精心为他们一家三口打造了一个浪漫小屋后，我所坚持的这种设计理念就得到更进一步的深化。何为家？纵然说法纷纭，然而每个人心中都有一个自己的答案。

| 最大化利用，恰到好处的生活空间 |

早秋的一个下午，一对80后的夫妻找到了我们。经过一番交谈，我们知道了业主F与妻子D结婚快2年了，如今育有一个快要满周岁的宝宝。当初买房时考虑到以后不与父母同住，因此F选择的户型也算是比较紧凑的。按照F的想法，这样的紧凑型房型虽然整体空间不大，不过依赖于合理利用本是浪费的部分空间，也能够实现很好的收纳功能，生活起来也比较便利随性。毋庸置疑，这样的理念与我们的想法不约而合。

首先，我们结合户型的具体情况，让空间利用变得充实起来。多层空间的楼梯是一个难以利用的地方，我们在未利用的楼梯空间里设置储藏柜，并且分隔成各个独立的小格子，既结实耐用也方便分类取物。又因为楼梯是人们经常走动的地方，所以我们非常细心地为每一个楼梯柜都安装柜门，美观的同时也起到了很好的防尘功能。双人的大书桌创作台面，舒适的按摩沙发和5.1声道环绕音响可以满足日常的各种休闲需求。其余的暗藏式储物间、隐形移门都诠释着如何将小空间做大。此外，一个温暖、有品位的家，隔断的设计非常关键。于是，为了解决客厅整体空间不大的问题，我们在餐厅中巧妙地设置了一个推拉门的隔断，可谓是审美与实用一举两得。

动静结合，搭建亲子互动领域

当然，整个空间的主角还有未满周岁的小宝宝。要营造和谐家庭首先要为家庭成员互动交流创造条件，尤其是考虑到在此后相当长的一段时间里，孩子的健康成长仍需我们在此刻就奠定更多人性化的设计。经过与F商量，我们决定打破传统，巧妙地将儿童房的房门做成上下两扇可以自由开合的双拼设计。由此极大地方便了父母对于孩子的照看，既可以在忙于家务的时候走得开，又能够对孩子在房中的情况一目了然。

此外，我们在电视旁特意制作了一个可爱的柱子，淡粉色令人心情愉悦，最重要的是这里还可以成为陈放小家伙玩具的地方。同时，儿童房中极具卡通趣味的墙面设计，也使得这个亲子空间显得别有风味。后来，D还因为我们的建议，在房间的一些角落里适当地添加了不少软装饰，在儿童房中陆续挂满的小青蛙、小帆船、小黄鹂等，让房子变得更加生机盎然。

就在前段时间，我们有幸受邀去到业主家做客，看到他们一家身在其中相守着这段朴实珍贵的小幸福，那一刻，设计师最重要的价值，在我的心里得到了最好的彰显。

· 设计师手札

为这对年轻夫妻打造的这套作品属于田园风格，然而，“田园”这个并不复杂的词却让我感悟良多。时至今日，田园所代表的，不只是生活状态，更是一种心态。怡然自得，与世无争。人们常常在事业上殚精竭虑，早已疲乏不堪。若回到家中，依然还是要以沉重的节奏而生活，这或多或少是一种不小的遗憾。我始终认为家的可贵之处常不在于太过奢华，而在于朴实平淡的细节中却无处不充满浓浓的感情。家，是让精神和身体安稳休憩的地方，是一个归港。每个人都能从最适合自己、最贴近需求的空间设计中回归自我，这便是真正的田园了吧。

· 思考 在完工之后

为什么而设计？

在万千变化的形式背后，设计的实质是为了创造一个独一无二的家。营造一个家，就是圆一个关于家的梦想。这个梦，住在你的心里越久，你就越知道它的分量。这也是一种对话，关于内心和外物，关于功能和审美，关于你对它的定义。

所以，最值得去尝试的，还是回归内心。年轻只有一次，且让我们随心所欲一次、恣肆无忌一次吧。

设计不为其他，只为了让一个只属于我们的家尽情绽放在眼前，烙印在记忆深处。

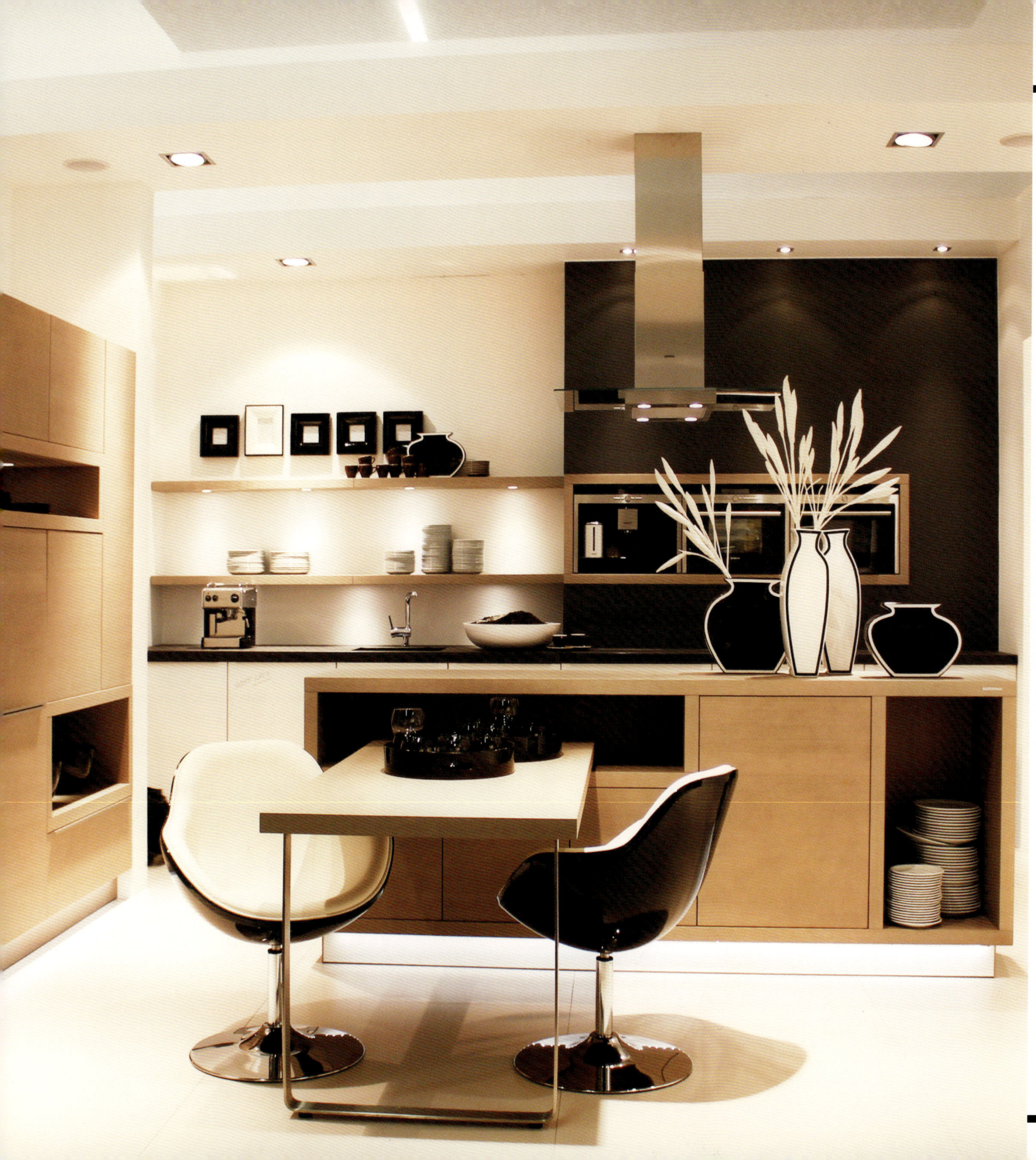

星艺 24 细节

厨房之爱一

一张连橱柜的小桌，
这是人性的关爱，
厨房成了简易餐厅，
一顿简易的快餐免去了
将饭菜移到餐厅的麻烦，
也不用打破原餐厅桌上的风景，
何况收拾也是一件麻烦事。

24个细节
24种爱

Case XI
桃源之外，都市之间

桃源是一个梦想，在时光的涟漪中掀动着点点的风波，吹散了几许华梦。
都市是一道藩篱，将岁月的年轮打破在拥堵的梦想中，葬送了一个个关乎本性与生活的野望。
桃源与都市就是这样的彼此疏离，宛若在空间的轴线上彼此背离驶向远方，不期未来。
如果要在都市中打造一座桃源，兼享心在处是桃源的逸然与夜色霓虹几许繁华的璀璨，
这是一种奢侈么？星艺的回答：当然不是。

设计师：**柯嘉清**
Ke Jiaqing

&

设计师：**刘志刚**
Liu Zhigang

&

设计师：**董燕**
Dong Yan

项目地点：保利春天大道　　设计风格：简欧
主要材料：艺术拼花、实木线条、大理石、墙纸、星艺专用饰面板等

·设计背后的故事

这是一个星艺内部第二种设计模式的成功案例，以三人团队组合的模式代替单人设计模式，以团队协作方式为案例带来更多的新颖理念与设计元素，在相对简短的设计周期完成耗时颇大的设计工程。

245平方米的空间，短短几个月的设计和施工时间，三种设计理念的融会贯通，以简欧风格为主线，通过艺术拼花、实木线条、大理石及星艺专用饰面板多种材料的结合，营造典雅、自然、高贵的气质是本案的主题。

简单的生活

当我们在繁杂多变的世界里对生活开始烦忧不休的时候，一份简单、自然的生活空间总能让我们感觉到身心的舒畅，体会到一份难得的宁静和安逸。简单的生活，并非物质条件的简单，也非生活节奏的简单，相反，它追求更多精神的简单直白。

以物质为载体，通过对室内空间的解构和重组，可以满足都市人群对悠然自得的生活的向往和追求，让人们在纷扰的现实生活中找到平衡，缔造出一个令人心驰神往的写意空间。

团队设计赋予了案例以丰厚的生活积淀和充沛的设计元素，得以在设计上追求空间变化的连续性和形体变化的层次感，采用简约的线条和明快清新的颜色搭配，不仅体现出居者追求品质和典雅的生活品位，更是为这种生活营造了最为直白的平台，简单而富含底蕴。

室内有春天的味道

当我们陪伴着客户来到装修好的家中后，一番“游览”下来，客户由衷地发出了赞叹：“这是我要的感觉，有春天的味道。”

米色基调的大幅运用，降解了大户型空间可能导致的冰冷感，加之以空间的灵活分割组合，为室内注入了灵动的气息。家具风格统一而简单，没有因为风格的需要和填充空间而随意增添任何一件东西；灯饰的选择因场所而不同，通过不同的灯饰造型为空间写下点睛之笔，同时完全兼顾了实用用光的需要。

如果说有什么欠缺的话，那么就是太过雅致了些，完全不像是普通人生活的居所，但是我们相信两位居者良好的修养和追求生活的品位足以压住气场。

· 设计师手札

其实在家装界设计师工作室雨后春笋般涌现的时代，单个设计师一手主导全部设计的形式正在逐渐被广为推崇，人们也逐渐习惯于请一位“专家”全面负责一套房子的设计工作。这样的模式固然可以确保风格的完美统一，确保整个空间的浑然一体，毕竟一个人的思想总是容易把控的。然而，团队协作依然是一个永远不会过时的模式，毕竟不是每个人都能够花上一年的时间去等待一个难以定论的设计。

因此在选择设计师还是设计师团队之前，不妨先自问一下，我是否能够等待？那些是否值得等待？

· 思考 在完工之后

生活在别处，OR，生活在此处

当都市病逐渐蔓延开来的时候，逃离都市正在成为都市精英们标榜身份的一个标签，居在都市正在逐渐沦陷为“我在贫民区”的现代版本。其实这一现象归根到底还是随波逐流的思想在作祟而已，在沦为庸俗和标新立异之间，社会精英们往往会选择后者。

生活本来是一个人的事情，当他被生活所俘获之后，便不再是一个人的事情。如果无法逃离都市的便利与舒适，那么不妨将家装点得更为自然一些，在家中培植远方的愿望，将桃源建设在家中。

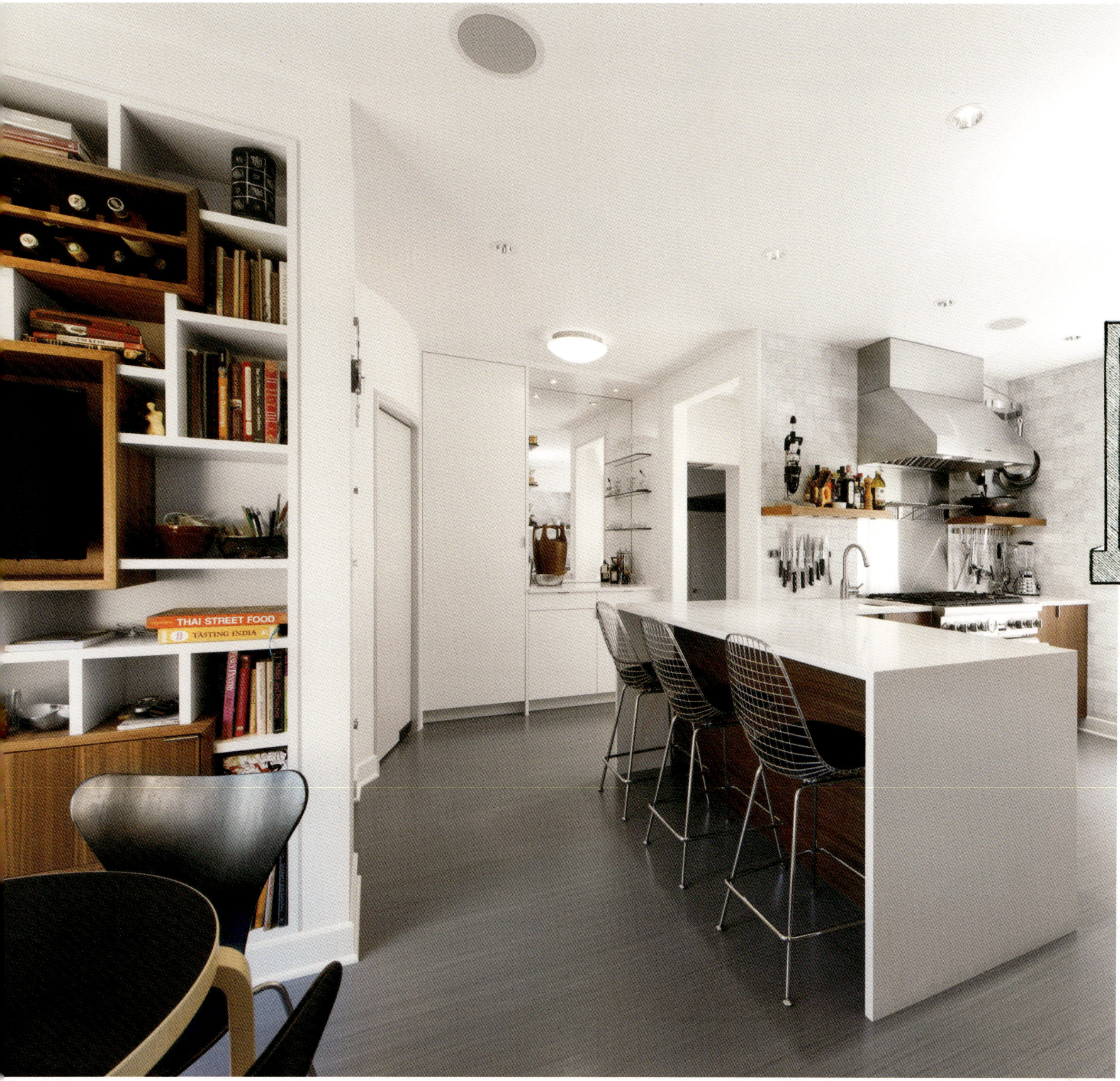

星艺

24细节

厨房之爱二

厨房不再隔离，
与餐厅、客厅连体了，
一张准备佐料的桌子，
美丽的厨娘面对客厅，
一边准备，一边与客人谈笑风生，
心情会开朗很多。

Case Ⅻ
收藏最美的旧时光

最好的时光莫过于慢下来品味过去的日子，
旧的经典，老的沉淀，
在一片古色性情的空间中，
足以装下对生活所有的眷恋与情感。

设计师：**李幼群**
Li Youqun

设计师：**陶胜勇**
Tao Shengyong

项目地点：金华世家
设计风格：美式混搭
主要材料：大理石、微晶石、抛光砖、水曲柳饰面板擦色、马赛克、美国纯纸、Frandiss家具等

·设计背后的故事

多年前结缘的好友玲从美国回来，约我在一个咖啡厅见面。许久没见的玲依然那么健谈，和我一起分享了许多有趣的生活细节，并且她还告诉我7年前她就已经在美国结了婚，生育了一对一男一女可爱的小家伙，而她的丈夫Dave来自华盛顿，是个地道的美国田园风格和乡村风格的忠实粉丝。如今，因为多年来受着玲的潜移默化，她们一家人都对中国产生了极其浓厚的兴趣，便决定回来置办一处住所，权当是在异域的另一种生活享受。

“他很喜欢将家里面装扮成一种具有怀旧情调的风格，一切都是经典的色泽，光线和家具、饰物和床品、沙发、电视柜，甚至是楼梯间也都要重点去打造，让所有的细节和谐统一。”玲一脸灿烂地描述着这些她迫不及待地想要为Dave奉上的惊喜，而我，则是不容置疑地去为她实现这个梦想的人。玲是一个特别感性的人，我了解她曾因为一首歌每次都要哭上好久，也曾因为一段感人的画面久久难以释怀，而我要予她的，便是要尽全力在满足她的丈夫Dave各种细节要求的同时，也要为她实现最感性最具性情的居住空间。

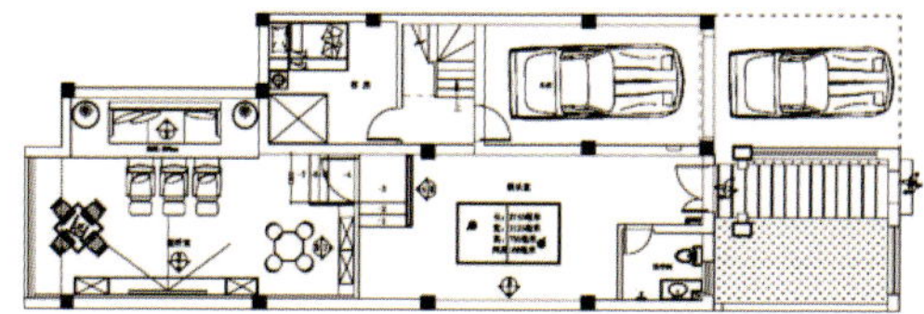

负一楼平面布置图

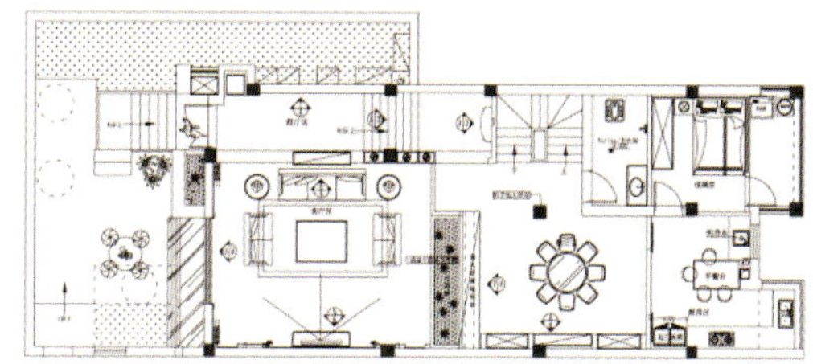

一楼平面布置图

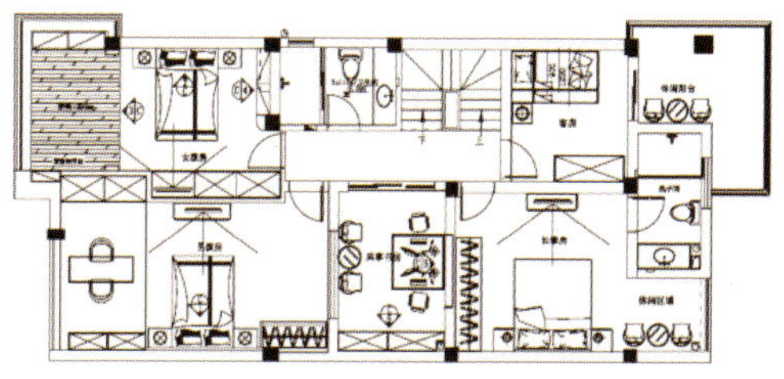

二楼平面布置图

帘外揽斜阳，一品旧时光

耐心地听完玲一大长串的描述，我已经对她的理想居家方案有了一个清晰的刻画。为了满足她所需要的美式田园情趣，我特意选择了具有丰厚历史质感的Frandiss正宗欧式家具来作为装点，在宽敞的会客厅中通过错落的布置，让具有时代感的家具与房间的整体风格契合一体，再以浓重的色调作为连接空间的主旋律，使一切显得亲近自然，具有浓郁的风情。同时，为了给玲的儿女们也分别创造一个独属于他们的个性化生活空间，我将男生儿童房以蓝色为主色调，衬托出最令孩子着迷的科技感与酷炫感，而女生的儿童房则以淡粉色为主色调，将女孩子爱美的天性完全融入进来，到时候还可以在飘窗上加上几束鲜花，就更加具有自然的明媚质感了。

除此之外，从窗户的造型设计、窗帘的质地选择、栏杆的纹样表现、墙柜的原木质感的全面表达，大理石、微晶石、抛光砖、水曲柳饰面板擦色、马赛克、美国纯纸壁纸运用等等众多细节方面我也作了非常细致的考虑，充分结合了美式乡村文化和田园文化交叉的结晶。同时将整体的家居风格与周边绿意自然的环境彼此融合，再针对原有的功能格局作出合理调整，打造宽绰方便的大套间来满足玲的所有要求。

一年以后，玲再次回到这里，带上她的家人搬进了这个新家。那晚，我很欣悦地接受了她们家宴的邀请，去到那片自己为之付出颇多的空间里。那个夜晚的浪漫与幸福，如今，仍令我每每回味，便会不自觉地溢出甜美的笑容。

· 设计师手札

美式田园风格有务实、规范、成熟的特点，美式乡村风格非常重视生活的自然舒适性，充分显现出乡村的朴实风味。而新颖的美式乡村风格，是美国西部乡村的生活方式演变到今日的一种形式，它在古典中带有一点随意，摒弃了过多的烦琐与奢华，兼具古典主义的优美造型与新古典主义的功能配备，既简洁明快，又温暖舒适。正因为玲的一家有着独特的品位、爱好和生活价值观，所以在户型的设计中我将美式田园风格与乡村风格中特别突出强调的自然性与生活性都着重表现，又充分考虑了使用功能的便利与全面，最终呈现出本案中自然美感与生活气息互不偏颇、相互衬托的和谐情趣。

· 思考 在完工之后

经典与改变之间的平衡

是固守模式还是打破传统？是坚持经典还是创造新意？两者之间的平衡常不在于用量化的标准去测定，而是来自于居者对于生活的体验、思考与总结。对于美式田园、美式乡村的风格而言尤为如此。只有将平实的生活情趣与充分周到的考虑很好结合，同时注重功用的便利、主人的品位与审美情趣的体现，才能游刃有余地找到其中最好的尺度，打造一个既满足于居者的精神需求，又好用、耐用的空间。

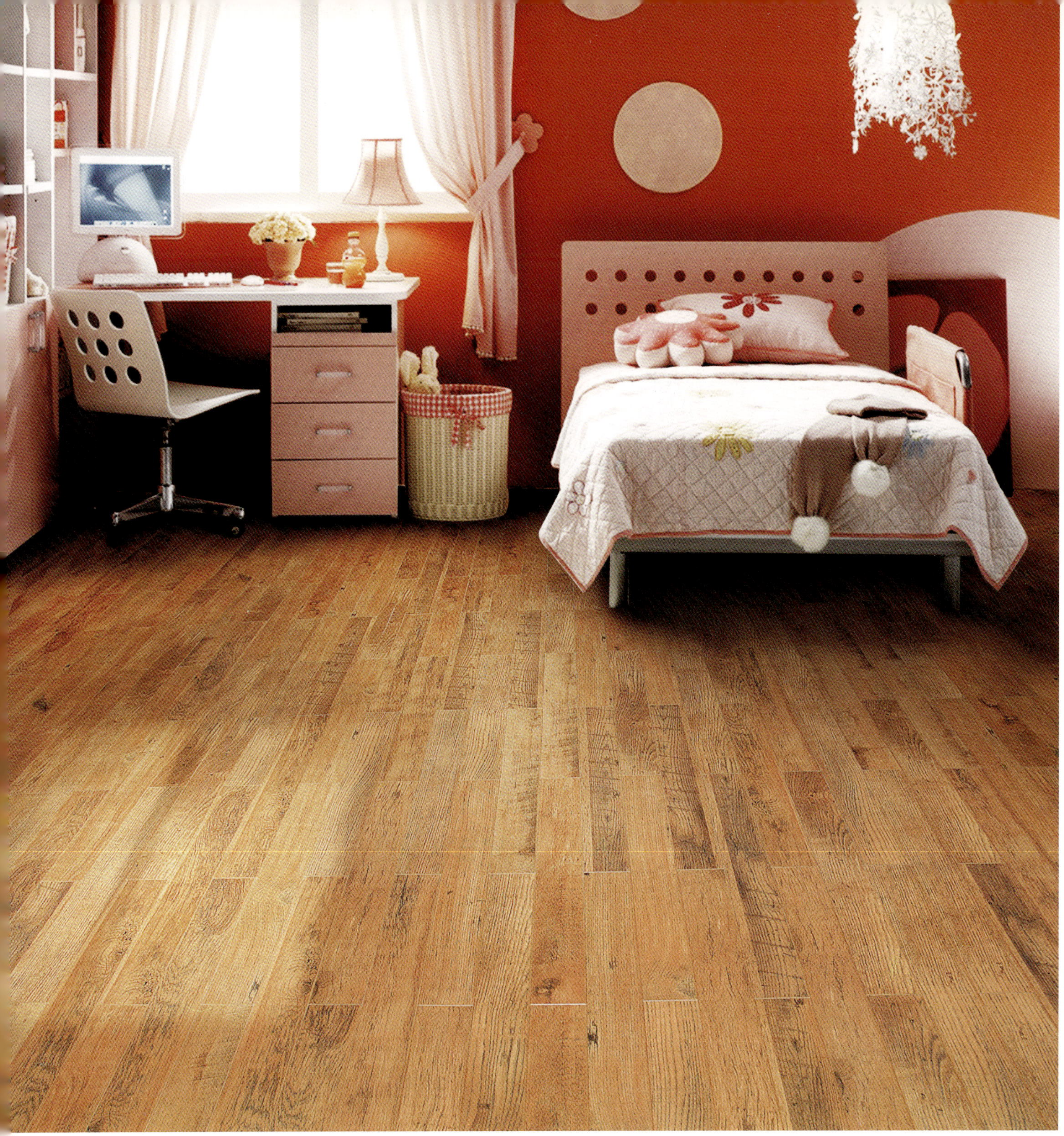

星艺24细节

成长之爱一

空间可以打造孩子的性格，
以欢快活泼的格调配对内向的孩子，
以适当冷静的格调配对调皮的孩子，
以童话科技的格调焕发孩子的创造力，
以英雄人物的挂画来激发孩子的勇气。

24个细节
24种爱

Case XIII
印象法国

想去法国度个假，那里有浪漫的大街，
那里有古老的贵族，那里有耳熟能详的建筑，
那里有一年四季的话题。
Ken说，我在法国等你来邂逅。

设计师：**杨磊**
Yang Lei

项目地点：保利温泉别墅
设计风格：欧式新古典
主要材料：抛光地砖以及大理石结合、玻璃马赛克、桑拿板、墙纸新古典欧式定制家具等

·设计背后的故事

Ken与那些跋扈老总大相径庭，也许是国外的生活经历培养出他如德国人那样沉着，又如英国人那样绅士。Ken最喜欢对老婆讲的话就是，“你总在我需要的时候给以幻想中的浪漫”。他酷爱浪漫，早上他还在贵阳，说不定晚上已经坐到巴黎一家咖啡厅里喝上香甜可口的咖啡了。他很在意别人对自己的看法，每次出去必须精挑细选自己喜欢的衣服，他认为服饰体现了对别人的尊重。这些所有的爱好也集中体现在他自己对家居的设计上。

他的妻子是大学历史学教授，跟他一样深受西方文艺复兴时期文化影响，对古典的情怀有着不可逾越的高度。当初Ken在法国念书时便充满了对异国生活情调的无限喜爱，回首异国求学路他至今对其间故事仍难以释怀。

廊桥遗梦

面对我们的探讨，他按捺不住几十年情愫跟我们讲起他的故事：“我从来没有去过法国，只能在典籍里一览他们的魅力身影，想象了巴黎，塞纳河、卢浮宫、艾菲尔铁塔，还有，我的懵懂情愫。所以，高考时报志愿我改变了想学习中文的想法，报了法语系。虽然之前，我对法语一无所知，但我知道，我有一个异国梦，这就够了。”如愿以偿去到巴黎，感受巴黎的繁华与喧嚣。情窦初开，他与巴黎一个富豪之女展开一段浪漫爱情之旅。时光荏苒，地域因素导致他们不得不面临诀别。回国以后他时常想起在法国的生活，想起塞纳湖畔优美的风光，想起锁桥的浪漫，想起卢浮宫的繁华……

许多年，他已然释怀，携手如今的妻子，并育有一名3岁小孩。双方思想的一贯性以及他的异国情愫让他们在装修房子这件事上根本没有什么分歧，配合设计师完成了一次令自己满意、孩子满意，也让设计师觉得颇有成就感的作品。相同的文化理念，表现出他们高雅的品位，展示着他们精美绝伦的生活。

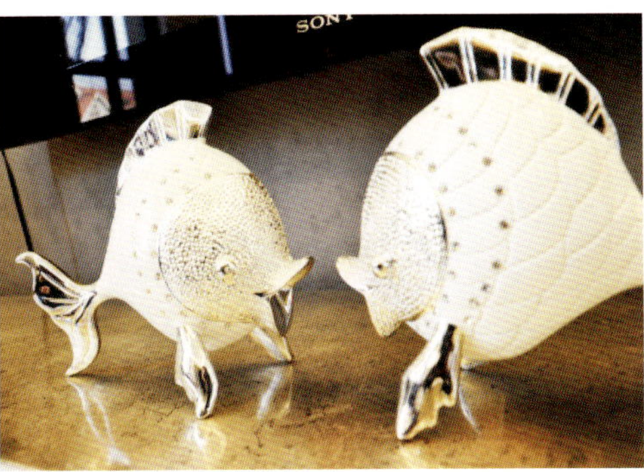

骨子中的完美

本案位于温泉中心，与Ken法国浪漫典雅情结不谋而合。建筑外观为三层独栋别墅，西班牙田园风格像在述说Ken多年的生活经历，那是历经浮华过后的清淡与从容。温泉、苗圃、花园足以令他沉淀年少的轻浮，足以抚平他曾经的创伤。闲暇，他会宴请自己的朋友在这露天场地里举办聚会。常年拼搏的他格外珍视自己的朋友，品茶、饮酒、聚会都在自己家，所以对自己的家居要求十分细致，各种地方的细节均独出心裁，近乎完美主义。大厅的落地镜与宴请用餐桌的粉色系坐椅相互映衬，浪漫典雅不言而喻。包括巴洛克风格的天花，在水晶灯的点缀下熠熠生辉，置身圣境，凡尔纳也不过如此了。

欧式茶几与精致皮质沙发构成一道完美的风景线。他的生活充满着激情，运筹帷幄的他也需要如此的放松。即使躺在沙发上小憩，妻子的双臂总能从背后带来丝丝慰藉。卧室是一栋房子的核心，清新典雅的纹饰充分透露着的花语与田园风格的搭配，他们已远离尘嚣、远离浮华。

他对孩子的教育如同他做人一样率性。“孩子应该有属于自己的世界，大人妄加干涉只会累及他们的身心。”宛若童话世界的布置，更符合孩子现在的生活环境。孩子应该具有无限的想象力与跳跃的思维，从小培养他们是刻不容缓的事儿。一个自我的空间对孩子的成长至关重要，面对我们的采访，Ken的孩子旁若无人沉浸在自己的童话世界里，任思绪尽情徜徉。

生活本是一种印记，标刻着某一过程经受的某一件意义非凡的事。正是这些印记标榜了我们的生活，以至于我们沉浸在生活带给我的启迪和欢乐中。

设计师手札

对这种充满异国情调的生活情愫，我们得加倍小心，或许某些细节正是客户所需求的。对生活品质要求较高的他们有着与常人不同的生活观念，而我们要做的就是最大限度地感受客户对生活的理解和自身的需求。如果我们在家具上过度讲究设计与复杂雕工，其家具往往脱离了实用性，并且，高档家具竟变成贵族的专利，文艺复兴强调以人为本，人才是主人，对过度繁复的家具，重新检讨并加以调整到更人性化，更舒适化，但一定程度上保留了传统欧洲家具的经典元素。这套装饰风格融合了欧洲各国的元素并取了最大公约数，呈现出一种全新的欧式，尊贵的同时又具现代感和浪漫元素。花园的设计是本案的重点，作为温泉花园，温泉池必不可少。本设计中为了让温泉池展现整洁干净的感觉，用材都比较平整简练。并没有过多的凹凸和纹理。在很大程度上迎合了客户对家居的喜好。

思考 在完工之后

我要居在何方？
——我的家在法国

我们往往习惯于忽略身边的景致，而仰起头去仰望视野外的天空。彼岸总是要好过此岸太多，当众生都是如此的时候，这也就不再是错误，而是一种“通假”而已。

而设计的使命，在很多时候需要做到的就是为这云中漫步建设一架云梯，其实方向并非是通向真正的“法国”，而是直抵心中的他乡。

无论是浪漫的Ken，还是他美丽的妻子，当初在法国一起享受的那段甜蜜、那些灿烂而幸福的时光，成为一种历史的沉淀，愈加老去，愈加回忆，就会愈加感到充实。这样的法国才是他们所渴望的，因为曾经，才更加看重未来的延续与多情。

心中的他乡，正因为难觅，方显珍贵，法国亦是如此。

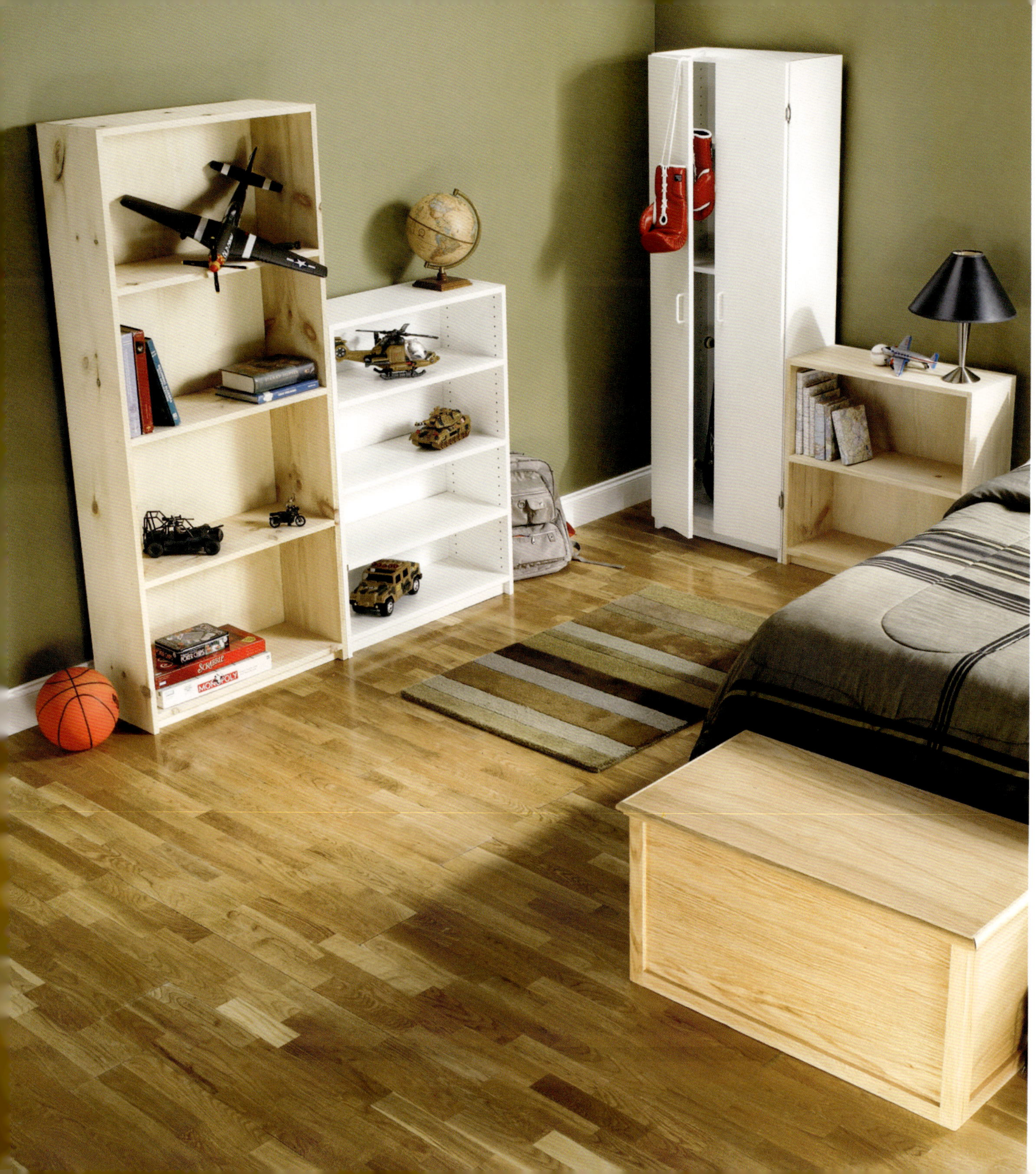

星艺24细节

成长之爱二

设置一块玩乐区，
让孩子有发挥创造力、
社交力的空间。

爱回家 24个细节 24种爱

Case XIV
巧手天工
改订新古典

小小的吧台，几平米的空间，
一个温情的小屋，三个人的世界。
圆柱的空间里，晚饭后和家人聊聊天，
空间不大，故可以无间接触；
闲暇时邀集三五好友小酌几杯，
空间不透，故可以谈谈心底的话题；
周末的时候晒晒阳光，泡上一壶香茗，
静静度过美好的时光，习惯了喧嚣之后，
也许一个短暂独处的午后足以洗涤几许心灵的尘埃。

设计师：**金星燎**
Jin Xingliao

项目地点：都市国际城
设计风格：新古典风格
主要材料：微晶石、大理石、茶镜、拼花地板、软包、肌理漆、仿古砖、墙纸等

· 设计背后的故事

当我初次拿到图纸的时候，已然知晓这将是一个大工程，需要改动的地方太多了些。固然，许多地方即使不经改造也足以满足生活的基本需要，但是能够做得更好，谁又愿意勉强将就呢。对空间进行梳理，对功用进行总结罗列，重新划分，重新定义，单是设计图纸就耗费了一半的工程预期时间。磨刀不误砍柴工，当图纸出来之后，施工阶段几乎不曾有大的改动，一切水到渠成，最终成为了这套新古典主义案例。

改是一种姿态

平面方案的改动让居室中的所有功能都有所细化，独特的设计思维带给人以不一样的生活方式，将生活梳理得更为富有情调和意蕴，令生活不再固守于功用的范畴。

一张用餐圆桌传承了中国人的生活习惯，更具有家的氛围；玄关的设计让居室更为富有层次感和底蕴，巧妙将空间进行了存储；定制的单身贵族吧台不但为生活存留了一份自我，更是以一杯红酒传递了几许浪漫；主卧空间虽然小了点，但是配上一个十来平方的衣帽间和一个带有浴缸的卫生间，对于原结构的小也就不那么小了，功能细化得也更为明确，生活在此空间也更为舒适。

最初原建图的过道略有些长，通过主卧房门的改动和储物间的设计，过道反而形成了一种家庭动静分区的黄金轴线；娱乐室和阳台的连结，让娱乐的方式更生动；特大的阳台把客厅和娱乐室连结让动静区更是合理、方便。其实览尽所有设计思想、所有设计风格，究其本质无外乎是对生活的一种态度而已，改即是一种姿态。

| 新古典的现代美学 |

从一种建筑风格，到一种生活姿态，乃至是沉淀为一种形而上的哲学美学，新古典代表了一种功用基础上的优美。因而在启用新古典风格设计现代人居住生活的时候，功用与美感就成了需要考量的问题。

随之在打造这种功能性强并且造型优美的古典主义风格时，能否敏锐地把握客户需求实际上是对设计师提出的更高要求。在此次设计中家具和配饰无疑正是担当了此种功用，在满足功用的基础上以颜色和造型为之灌注了美学的基因，优雅、唯美的姿态，平和而富有内涵的气韵，描绘出居室主人高雅、贵族之身份。

·设计师手札

其实是否对原有建筑空间进行大幅度改造一直是设计界一个争议性的话题，一些设计师认为空间无需改动，因为建筑师在最初的时候已经考虑到了内部空间问题，且原有空间是和建筑整体相匹配的。另外一些设计师则认为，建筑空间毕竟是标准化的产物，难以匹配个性的生活，因为改动就是设计师的一种义务。

在此次案例设计过程中，仅是对原有建筑空间进行了部分的分割和组合，并未大幅度调整格局，甚至尽可能进行了保留，所追求的不外乎是建筑内外以及人与空间的和谐。

·思考 在完工之后

|有生命的空间|

空间是有生命的，当我们走进一处装饰好的空间，能够感触到的是温暖的生命气息，而非冰冷单调的建筑空间，这样的设计在本质上已经是成功的了。如何让空间有温度，如何赋予空间以生命的气息，这正是当今室内设计界的使命所在，也是职责所在。

这是一个匆忙的时代，也是一个呼唤温度的时代，伴随着价值观的多元化，评判标准也多了起来，对于设计而言，套用一句俗语：这是一个有温度的设计，也许就足够了。

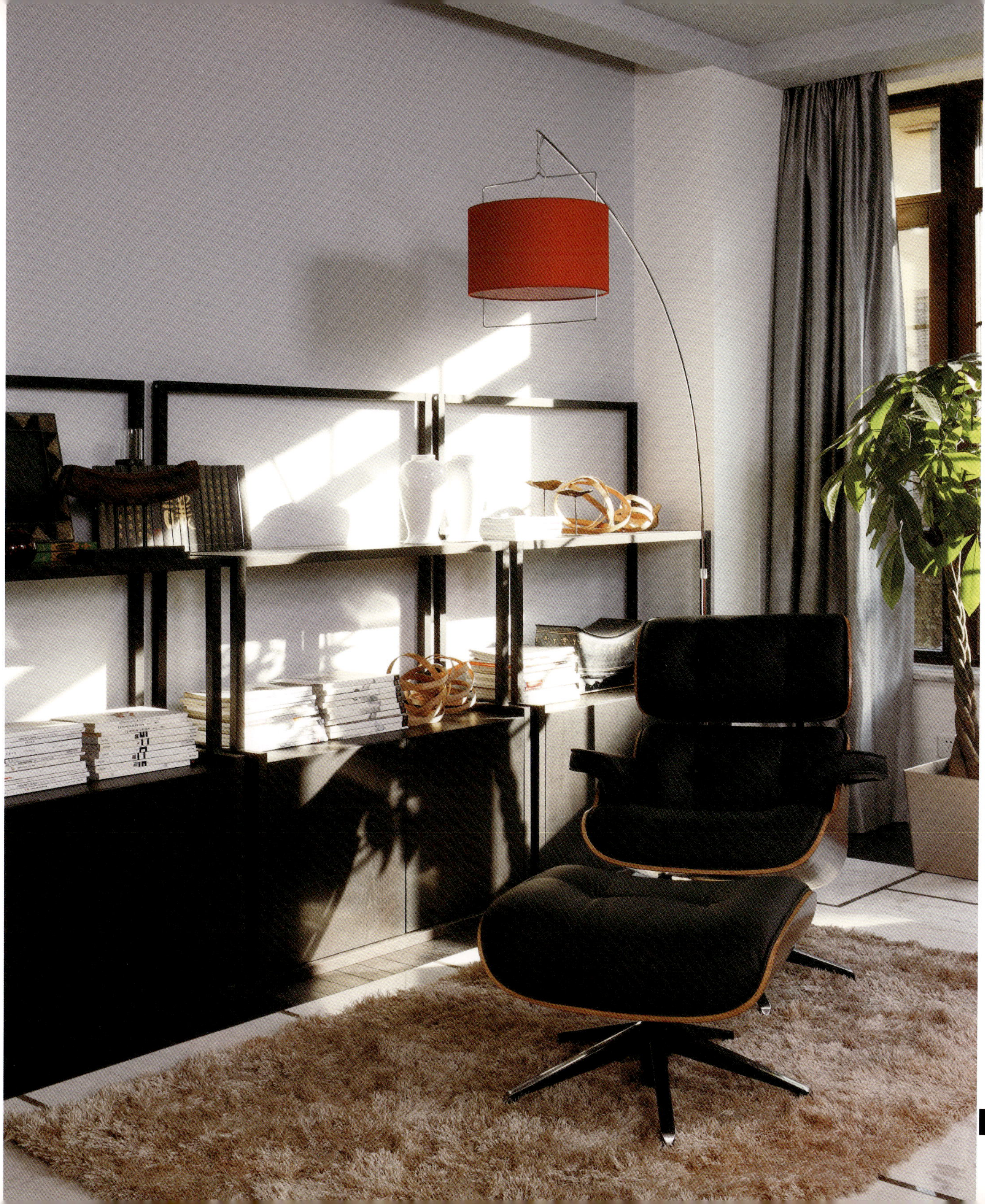

星艺
24
细节

书房之爱一

书房是私密空间，
书可以躺着看，卧着看，
看书不是一件正襟危坐的事情，
是一种调味剂罢了，
所以书桌是一张悠闲椅，
也是一张地毯，
是一件不像书桌的一切倚靠。

Case XV

逸然吾家

我的地盘，我做主。
我的家，我说了算。

设计师：**金勇君**
Jin Yongjun

项目地点：中铁逸都国际
设计风格：地中海风情
主要材料：墙画、拼花地板、
地中海风情配饰等

· 设计背后的故事

追逐那一抹自然，把心灵之光洒得遍地，
渴望跋涉千山，渴望走遍绿水，渴望仰望蔚蓝的天空，
渴望漫步柔软的沙滩，渴望眺望远处的山峰，渴望自然。

唐令生活在都市中央，是一名资深的杂志编辑。都市的生活，令她恼火，朝九晚五的生活使她失去太多亲近自然的机会。透过窗台，视野总被高大的建筑物遮挡，她向往自然，却被束缚在城市钢筋混泥土之下。不过，一颗向往自然的心总具有不可磨灭的热忱。她的家位于都市与郊区的边缘的别墅区，倘若要寻求她为什么选择在这里得一夜安枕，恐怕走进她的住所我们才能窥视一二。

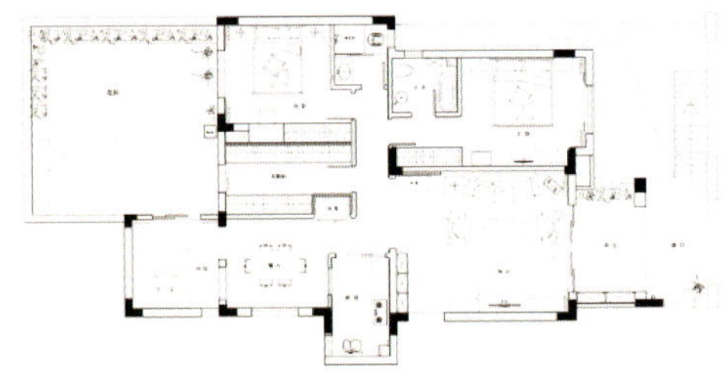

1楼平面布局图

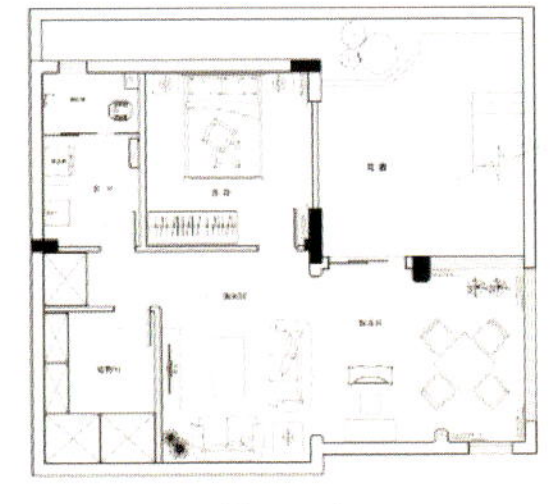

负1楼平面布局图

拥抱自然

不必说客厅蔚蓝的蓝天海景墙，即便是那多得不可细数的各种小花蓝早已把你吸引，令你鼻孔顿开。也许是太喜欢自然的缘故，她的家花香馥郁，茉莉、薰衣草、玫瑰各自散发出迷人芬芳，如同她人一样总是及时地为这个城市的知识分子带去宝贵的精神食粮。她说："我只做了我应该做的工作，我感谢我的团队一如既往地支持我，包容我。"她的家正如同她的格调一样不偏不倚，她懂得汇聚各种精华然后去发散它们，把它们的美发挥到极致，一如爱琴海蔚蓝海岸与白色沙滩似的墙面和天花、希腊黄白色村庄在碧海蓝天下闪闪发光的拱形门柱、意大利南部向日葵花田在阳光下闪烁的金黄灯光、法国南部薰衣草飘来的蓝紫色窗帘、北非特有沙漠及岩石等自然景观的红褐、土黄的浓厚色彩地板，这些在她家只是一种汇聚。她渴望旅游，无论是非洲还是欧洲，不分贫瘠与富足；无论高山还是大海，不惧险阻；无论沙滩还是丛林，不拘一格。她认为，每一次旅游都是对大自然的求索，都是自然对自己的馈赠。于是她把这些东西带到自己的生活，并且融入自己的生活，使之成为自己生活的一部分。

单纯的梦

如果说大气恢宏的罗马式拱门与半拱门、马蹄状的门窗以及墙面体现了她丰厚的阅历，那么窗帘、桌巾、沙发套、灯罩这些以低彩度色调和棉织品为主，素雅的小细花条纹格子图案则表明了她细致体贴的性格。女儿卧室的布局、餐桌椅子、吊顶、书房、地板接缝、沙发垫这些小细节无不体现她温婉细腻的一面。他是温婉而且细腻的，如同她的人格和工作态度一样，如同她与生俱来的气质一样。

她渴望自然，却不单纯地做梦。她把自己对自然的解读放到生活中，带给老公、带给女儿，在自然之中再造了一个自然。在拥抱一个家的时候，唤起家人的共鸣。身处都市，心向自然。何乐而不为？

·设计师手札

对知识分子来讲，他们都保持着一颗不被世俗同化的心。身处都市，却依然坚持自身一如既往的初衷。他们心里都有一个梦，一个关于自己的梦。我们很难把握一个很好的程度，例如：在设计唐女士家的时候，第一套方案规规矩矩的线条显然不被接受。后来在仔细研读她的梦想家居后，得出这一案例。当时手稿一出，唐女士亲眼目睹之后没有半点异议。此外，我们还对原先的非承重墙进行整改拆除，从而扩大了整体结构，较之于以前更贴合自然，整个空间浑然一体非常具有美感。同时，也迎合了唐女士的对自然生活的追求。

这次设计，唐女士亲身参与其中，主动提出自己的一些建议和要求，大到墙面的轮廓，小到花种的要求，面面俱到。首先这是我们没有意料到的，这更在于唐女士对自然的向往和生活的细致体味以及对品质的追求。

·思考 在完工之后

我要居在哪里？
久在樊笼里，我选择心驰神往的地方

以前，在家里和父母住，后来，在宿舍和同学住，再后来和别人合租。什么时候能有一个自己的家，这是我们每个人都苦苦追问过的问题。

可是，当我们真正有了房子的时候才发现，房子有了，问题却刚刚开始。有了房子，不等于有了家。房子仅仅需要购买，而家需要营造。无论你是政客巨贾还是工薪阶层，在这个时候大家都是等同的。都需要去慢慢摸索，寻觅自己的家。

当一个人对于樊笼中的生活难以忍受的时候，不妨在家的装点上走出去吧，出走灵魂。如果可能，行动吧。

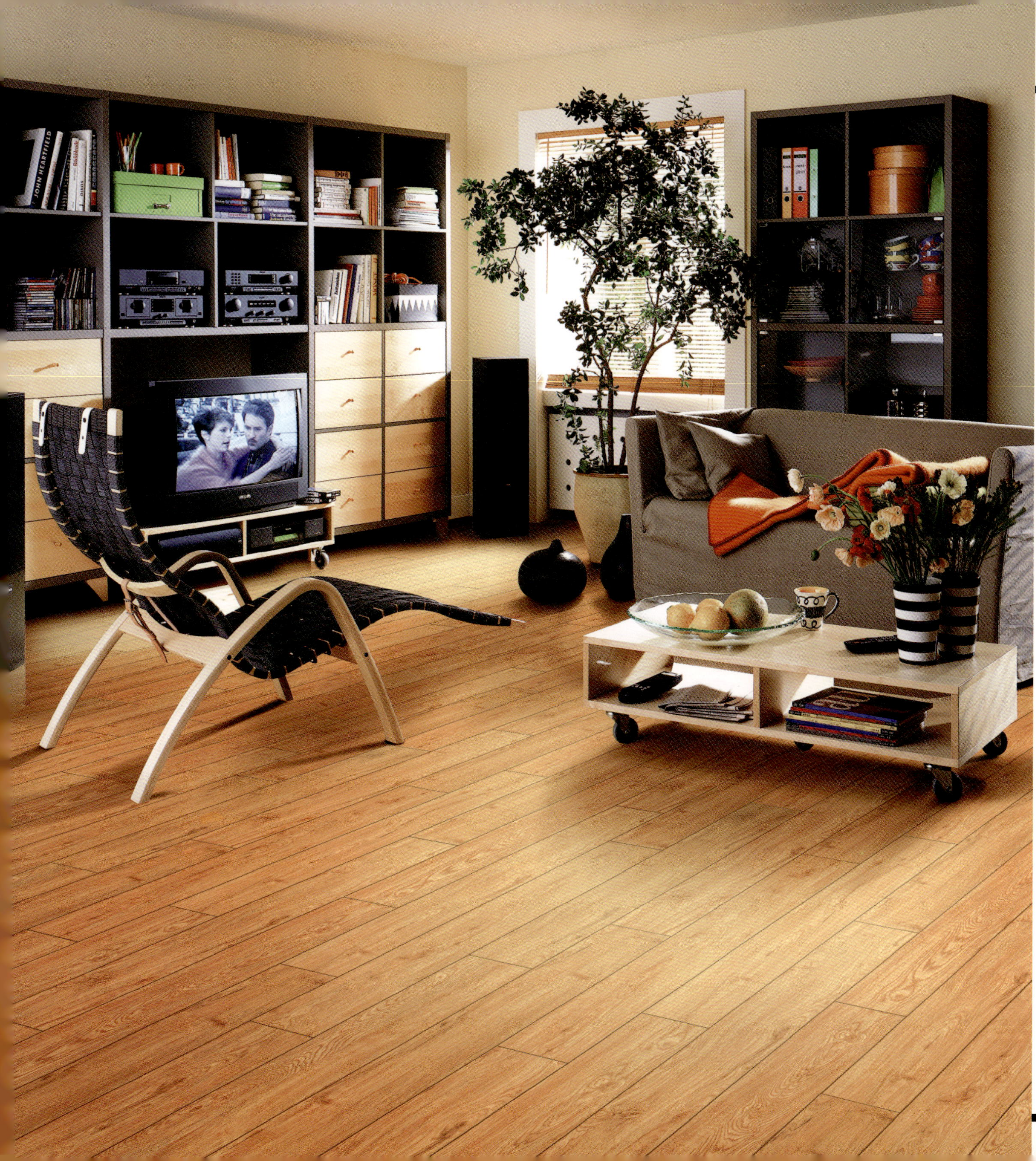

星艺
24
细节

书房之爱二

书房还可以有一个吧台，
与友人喝酒谈心谈点事情的地方，
还可以有一台电视，书看累了，
慵懒地看看休闲娱乐片也不错！
空间不拘一格，只因人而变。

设计师：**杨胜武**
Yang Shengwu

项目地点：凯里大地春城
设计风格：现代田园
主要材料：贝壳马赛克、博伦思软包、圣象地板、星艺阆品肌理漆、顾家家居、车边银镜、蒙娜丽莎瓷砖、奥普浴顶、尚品灯饰、润成创展门、欧派橱柜等

Case XVI
白色空间 雪原童话

一段北欧的冬天，
一片皑皑的雪原，
一个独属于浪漫与风情的白色空间，
就足以奠定一个美丽的生活田园，
创造一个独一无二的家。

· 设计背后的故事

异域的雪原历来给人一种唯美浪漫的遥遥牵挂，特别是在那片享誉世界的北欧风情下，镌刻着诗情画意的自然情感，更是深层地激起了业主M心中一份对生活的向往。有时候人们就是这样，一种此前或许并不清晰的情感在愈加时日的累积下，成为愈加迫切的愿景。对某种程度上而言，本案的促成也正是这样的。

| 不拘一格的原梦空间 |

与业主M的结缘来自于朋友的热烈推荐，也正因为这样的原因，我与业主M的交流沟通也是极为便利的。经过前期关于白色欧式风格的定位以及相关装修材料的选择等方面的沟通，一切商讨事宜也都非常顺利地推进，在我充分地结合了M对于欧式生活空间的向往和偏向于注重内涵价值却不显得空洞的居家理念后，为此提出的设计方案也得到了业主M的大力支持和肯定，彼此一拍即合。当然在前期的讨论中仍免不了一番风格的取舍，然而业主M也爽朗地对我说设计可以跨越国界、跨越时间段，这不就是文化和现代人的生活相结合吗？于是，我又从中汲取了不少的灵感。

经过细致考虑，我们一致认为古典主义太沉重、巴洛克理念太繁复、北欧主义太简约，于是在本案的具体设计中，我以主人一家三口的高度文化品位需求作起点，融入了欧式、现代风格，把现代人居住的特点作为空间构成的手法，将休闲、现代、浪漫以及低调的奢华有机相连，设计不限风格、不限国界，设计只服务于生活。

情性混搭的融汇阈度

M是一个新兴的创业成功者，在他的梦想里有美好的未来，还有对女儿成长的关爱，为女儿设计一个爱的空间，使其能够健康地成长。M要求女儿的书房要独立，于是我利用入户异形空间巧妙优势，简洁而休闲，柔和的透光板灯光正好适合书房作业。白色的空间设计代表着一种闲情逸致，代表美好纯洁。贝壳马赛克作为餐厅背景和踏步点睛之笔，突出层次感，银镜的装饰把过道空间的视觉展开，丰富了本来只具备通道功能的公共区域。

后来我们又发现M在设计前期已经订购的家具中原沙发样式难以搭配，最后同商家更换了一款中性白色皮质沙发并大胆混搭，在白色欧式的空间基础上不再墨守陈规，只使用单一的某种风格来表现。电视墙面采用阖品肌理漆装饰，穿插了深色，让整个客厅低调而不失档次。

同时，设计过程中我与M也多次通过电话沟通，及时的反馈与交流也使得整个设计空间的呈现更加圆满全面，为最终创造一个不拘一格的原梦空间层层作下铺垫。

· 设计师手札

设计是空间表现与生活享受的结合。有时业主对设计师提出的要求过于烦琐，反而使得最终的效果难以尽如人意。无可否认，最好的设计是两全其美的，既能够很好地满足业主的生活追求，又能够使得整个空间成为和谐自然的表现。跨越风格的局限，做到博采众长，从一些贴合实际且独富质感的设计中取其精华，去其糟粕，用生活享受与艺术审美的眼光来综合审视，以此独富用心的创作而呈现空间设计，方可谓是最为契合人心的作品。

· 思考 在完工之后

风格于我何加
喜欢才是硬道理

一个家，可不可以是一颗钻石，不止一种色彩，一束折光？当然，只要你有一颗自由的心灵。

这是一个既定的世界，规则禁锢着我们的思想和行为，规则似乎是一切简单有序，也使一切变得僵化教条。

当用风格来圈定自己未来家的样貌时，我们已经不知不觉掉入了一个个既定的窠臼。

喜欢你，没道理，喜欢就是硬道理。

让个人喜好成为择物的唯一理由，有何不可？风格，其实，与我无关！

星艺
24细节

卫生间之爱一

卫生间是温湿的地方，
是孕育智慧的地方，
卫生间需要一个书报架，
需要一把躺卧看书、休闲的椅子，
需要一具宽敞的浴缸，
靠着窗外的花草，闭目养神，思考。

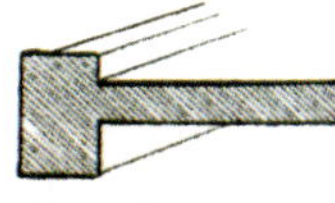

设计师：**涂天宝**
Tu Tianbao

设计师：**柯嘉清**
Ke Jiaqing

项目地点：乌当区城市山水公园别墅
设计风格：新中式
主要材料：仿古砖、墙纸 、山水壁画 、非网纹大理石 、木纹砖 、窗花格 、茶镜 、星艺专用饰面板等

Case XVII
重回实木的历史风韵

风华的岁月，
沉淀在木香的裹藏里，
深深浅浅散发着迷人气息。
过往与现在于此交映，
重回历史的风韵，
以敬古今、怡情。

· 设计背后的故事

时间总是旧的好，一如那些写在片片小纸条上字里文间的痕迹，美好而遥远的记忆是一座村庄，低低矮矮的小楼，有一方小小的窗，窗里照着淡淡的昏黄灯光。不老的是经典，自有着时光浸染的风度气质。潺潺如泉、缕缕如烟。一切，就着清新的木韵，刚好。

| 怀旧如初，居美优品 |

我常常遇到一些乐于怀旧的人，而本案的业主N亦是如此。N是一位50多岁的中年女性，当我第一次与她见面时，她很客气地把我请到她与老伴K一同居住的房间里去。那房子并不大，而且一眼看去就知道是上世纪设计风格。两位业主与我亲切地交谈了一个下午，谈到当年两人是如何结缘、甜蜜的爱情，以及两人年轻时一起到过的各处旅游地，这些故事让我听得入了迷，而我也从中读懂了两位业主的心思。

就这样，整整一个下午的时间我都在听业主夫妇讲故事，他们想要的感觉，他们珍爱的记忆，他们钟情的色调，以及他们子女的意见等等各方面细节我都一一仔细记下，这就为这个家庭日后的整体装修风格是怀旧的主色调奠定了坚实的基础。为了创造出最完美的方案，我充分结合了两位业主的亲身经历，权衡众多风格之后，我将未来的空间呈现绘声绘色地告诉了他们，比如将会有一面特设的照片墙、古木色泽的转梯、偏重于书香格调营造的家具等，而业主对此非常满意，这也让我就此下定决心，要在整个空间中充分展示出一种特有的气质，为业主带来最舒心怡人的居住环境。

实木悠居，一室自然

为了最大限度地展现业主夫妇的设想，我们特意选择了新中式风格来整体架构。以木质作为主要元素，从吊顶到地板，或是格窗到桌椅，全方位地表现中国木质建筑的艺术气氛。

同时，为了很好地烘托新中式风格给人的经典之感，在壁纸的选择、装饰品的陈设等上面都极为注重岁月质感的营造。

同时，为了带来更好的生活功能性，干湿分离、屏风元素的加入等微小部分的设计也被一一考虑在内。业主夫妇平时闲来无事，也经常过来看一看我们的施工作业。后来，针对一些具体的问题，我们也一同做了商讨，最终呈现出一个既具有怀旧情感，又齐备了各项生活设施的生活空间。后来，两位业主不时给我打来电话，向我咨询如何在一些仍显得有些空阔的起居室里加入一些可选的元素，而我也耐心地提出建议。一来二去，如此一个充满着浓厚感情色彩，使人心静如水、尽情享受宁谧生活的家自然而然地展现出来。

• 设计师手札

在本案的设计中，为了细致地刻画岁月流痕的感觉，从家具的购买、装修材料的选择，以及地板铺设、书柜、床品、收纳箱等材质的选择都统一使用了木制品。一来，这样更显得亲近自然，与业主想要的宁静生活比较搭调；二来，木质空间带来一种清新雅致的享受，使人可以得到深层的放松，这也为两位业主的居家时光增添了一份平淡中的美好。同时，又兼顾到亲戚的不时来访、子女的探望等，也将诸多人性化的细节包括在内。加上非常良好的采光，这样，便将业主的深层需求与设计风格恰到好处地合二为一。

• 思考 在竣工之后

破茧新中式

经济全球化促使社会生活的步调也与之同步，精神文化无疑成为这个时代的一股中坚的经济力量。新中式风格诞生于中国传统文化复兴的新时期，伴随着国力增强、民族意识逐渐复苏，人们开始从纷乱的“摹仿”和“拷贝”中整理出头绪。

在探寻中国设计界的本土意识之初，逐渐成熟的新一代设计队伍和消费市场孕育出含蓄秀美的新中式风格。在中国文化风靡全球的现今时代，中式元素与现代材质的巧妙兼柔，明清家具、窗棂、布艺床品相互辉映，再现了移步变景的精妙小品。

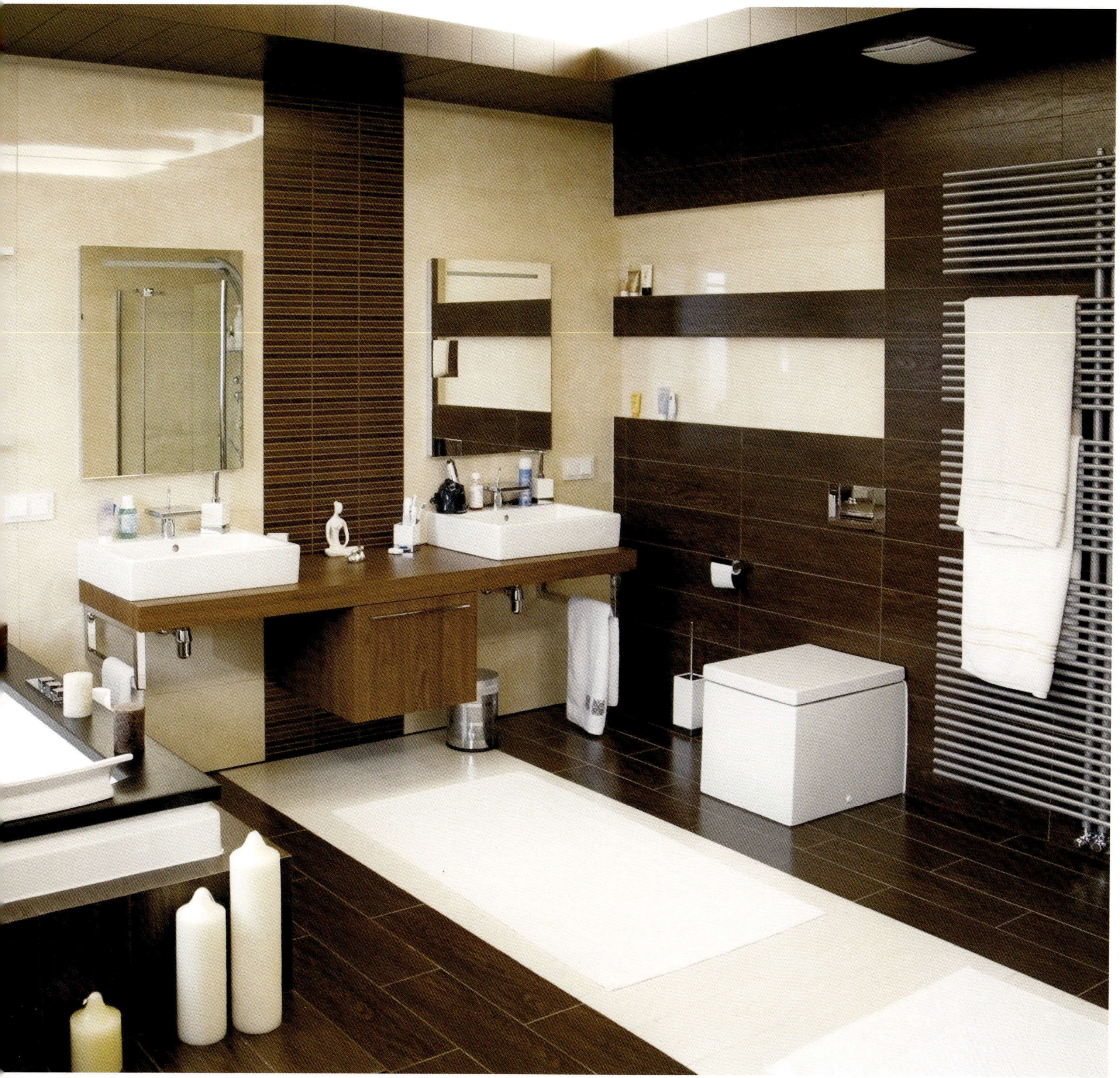

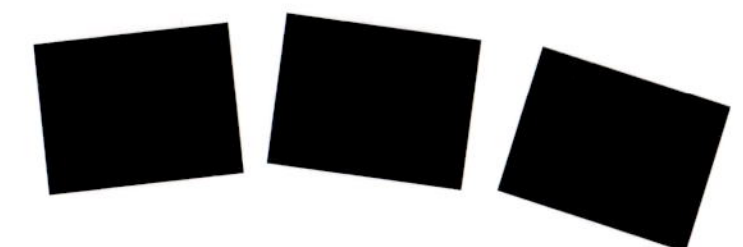

「星艺 24 细节」

卫生间之爱二

卫生间是讲卫生的地方，
需要两面浴盆，
一个用来刷牙洗手用，
一个用来掬水刮刮胡须洗脸用。

爱回家 24个细节 24种爱

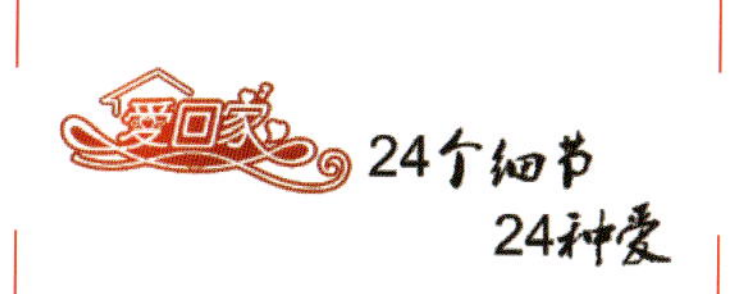

设计师：**李幼群**
Li Youqun

设计师：**甘鹏**
Gan Peng

设计风格：美式混搭中式
主要材料：大理石、木地板、定制家具等

Case XVIII
对话岁月 光华由心

岁月的洗炼总是能够筛选出经得起考验与打磨的选择，一个家庭的风情，更应是如此堪为艺术作品一般的创作与呈现。时光无痕，留下唯美的光华散落在浮碎的词藻之间，以及那些充满着岁月质感的空间里。

· 设计背后的故事

在一次偶然的机会中接触到本案的业主，业主是一个极其注重生活品质，却不事张扬与高调作风的人，正是人们常说的“低调而奢华。”经过一番细致的规划，我为业主交出答卷：“让时光更深邃一些。”在整体装修空间的宏观把控上，定位于自然、质朴、并具有美式风格基础上的开阔深远，在设计的时候更是特别地注意了家具的温馨浪漫，注重质感与品位双重提升的同时，尽显了主人的高贵大气。

色艺空间，沉淀岁月光华

在本案中，为了突出艺术与生活之间更好的元素结合，在设计风格上，我还特意加入了多功能设计，外观用料保持自然、淳朴的风格，使整个居室生活空间典雅而又浪漫、美观。主要材质以仿古地砖、壁纸、理石壁炉、布艺、定制美式家具等加以配饰点缀，体现出美式风格的温馨、浪漫、大气。墙面并无过多的装饰造型，而是把重点放在室内家具、饰品的陈设。得益于非常不错的采光条件，室内室外得以充分融合，共享各自风景。

先进的设计理念将我们的家居生活提高到了另一个台阶，同一种风格可以展现出多种不同的气派和氛围，在家居装修设计上，色彩的运用最为关键，因为色彩的好坏直接影响着整个空间的视觉效果。为了最大限度地实现业主对于美式生活情调的讲求，在色彩的搭配上我也颇费心血。通过对于各种色彩的合理搭配，在本案中也取得了超出意外的感官享受。如今，当业主一进门便会被大胆的用色所吸引，以黄色为基调的美式风格复式楼，错落有致的格局和层次，各个区域并不设置封闭式的门而采用镂空隔断，既区分开来又相互联系。利用天然木、石、藤等质朴的纹理，创造自然高雅的氛围。

同时，在家具选择上粗犷大气且非常舒适。室内环境表现出悠闲、舒适、自然的田园生活情趣。自由不羁的风格和突显的奢侈与贵气，这样的结合既大气又不失随意的态度，并且更加地显示出了另一种只属于美式风格的休闲式的浪漫体验，给人一种视觉上的若隐若现与层次错落感，让各个区域既连成一体又相互区别。

设计师手札

无论在什么年代、时代，复古、个性、现代、奢华这几个词仍永恒占据着时尚界的第一线。而对于复式楼层而言，其最大的特点是做到了动与静的分离，给装修设计提供了更大的发挥空间，通过对室内空间的再设计、再分割，可以融入更多的创意，体现个性。因此，在本案的设计过程中，充分做到了因地制宜，在选择整个房子的基调时就大胆地采用了多种色彩交融的方案，色彩的跳跃感极强，加上自然舒适且巨大厚重的家具，使得整体空间中美式风格的装修温馨时尚。虽然是复式楼，但在空间利用上也毫不逊色，丝毫没有多余的浪费，呈现了一种简洁自然的美感与功能实用性的充分结合。

思考 在完工之后

功用与艺术的双重语言

我们以什么标准来衡量一套设计作品？我们以什么尺度考量设计的成功与否？

抛却令人眼花缭乱的形式与外在，其实这一切的根源正是来自于功用与艺术的统筹兼顾和双重考虑。唯有一件作品既能够很好地满足生活需求，也能够成为展现居者生活情趣的载体，才真正算得上是一个成功的设计。而设计如果割裂了生活，甚至是设计只是徒有其表，那也终究难以尽如人意。

因此，或许在下一次我们去设计，或者当我们选择设计的时候，都应该静下心来追问自己，

我需要的究竟是什么！！

星艺 24 细节

卫生间之爱三

成人的卫生间是不需要等待的地方，
需要两个马桶，
一个是妻子的，
一个是丈夫的。

设计师：**姚辉**
Yao Hui

项目地点：中天托斯卡纳
设计风格：法式新古典风格
主要材料：沙安娜米黄大理石、浮雕沙岩、艺术墙纸、肌理漆、金箔墙纸、仿古砖、多层实木地板等

Case XIX
心远地偏 陶然为乐

如果你不曾敲开那扇门，
那么你将永远无法知晓门后的世界；
如果你不曾遇到他们，
那么你永远无法想象在都市的今天，
依然有这样的一群人安然田园，陶然为乐。
如果累了，欢迎来做客，这是聂先生的承诺。

| 黑白双色 |

如果花园让你回到了过去，那么房屋便把你拉回了现实。黑白交错的墙面嵌入现代元素，像黑白琴键满含时代精髓。整个屋子，黑白灰简约的色调仿佛氤氲一道自然的人文气息。从大厅的沙发、茶几到餐厅的现代长线条桌椅、窗帘延伸到厨房的储物柜再到卧室的墙面、皮质床榻、梳妆台都以黑色来展现，而又用主题的白色和灰色来与之对应，比如大厅，黑色的沙发与白色的沙发垫的对应；水晶吊顶和天花板的对应；马赛克边沿与水晶、与窗帘的对应。这是现代文化的大融合。在点、面、块做到使用与美观的高度统一，在色彩上用极简的手法与造型达到完美的结合，软装上采用现代纯色黑白配的手法，切合聂先生的背景，整个作品洋溢着时尚、大气、阳光、休闲氛围。用聂先生的话说就是，“我喜欢白色带给我的纯洁、清爽，我喜欢黑色带给我的庄重、沉稳，我喜欢灰色带给我的高雅、朴素，这三种颜色互相辉映却又是一番别样的感悟。”

在室内也可以体会古典与现代的双重设计，窗帘、桌巾、沙发套、灯罩等均以新古典风格为主，这些东西完美地与素雅的主卧小细纹格子图案和采用低彩度、线条简单且修边浑圆的皮质家具以及黑色玻璃吊区别开来。古典与时尚的结合，相得益彰。着实是一曲装饰界的圆舞曲，融合中外，贯穿古今。

· 设计背后的故事

聂先生属于都市成功人士，事业的打拼使他结识了各种阶层的人。生性温婉的他对古典文化十分敬仰，生活历程丰厚的他对现代文化的钻研丝毫不亚于学者。对于家装他只有一句话——“把我的家打造成集古典与现代文化相结合的效果，就OK了。”正是他的这种率性，我们对这一案例的设计达到了前所未有的高度。

大隐于市

来到聂先生家，首先映入眼帘的是一座苏州园林式的假山，旁边的几株绿竹依偎着透明玻璃墙面。走进这里，你感受到的俨然是走进一座中国式园林，绿草、红花、青竹、假山、怪石、喷泉、木桥、鹅卵石，这些搭配非常考究。它讲究假山池沼的配合，讲究花草树木的映衬，讲究近景远景的层次。站在露天实木镶嵌的花园里，看整个景致是一种美的享受，更是对聂先生那种中华古典修为的美感的认同。

都市不缺少美，也不缺少幽静，都市缺少的是一种修为，一种宁静和淡泊的修为。这些中国古典的元素在这里的体现更契合陶潜“大隐隐于市”的至高隐居思想，心灵的放松在于对生活束缚的有限调节，我们无法挣脱生活的枷锁，却有能力在桎梏下领略别样的生活。

“心远地自偏”，融入这宛若天成的自然景致里是对自然的拥抱，对都市的合理退让，对生活的大彻大悟。

· 思考 在完工之后

> 传统距离我们有多远？
> ——也许只是转角之外的咫尺。

我要住在哪里？——我要住在时光的田园里。

传统距离我们有多远？——也许只是转角之外的咫尺。

现代距离我们有多远？——也许是视线之外的天涯。

我们总是在寻找一个属于自己的时代，尤其是一个能够安放家的地方。当传统的中国生活逐渐复兴，当曾经广为传颂的西式生活开始饱受冲击，身处交错时光中的我们唯一可以做的难道仅能是犹疑和徘徊么？当然，回答是不。

其实无论是好的时代，还是坏的时代，我们唯一需要做的就是活在自己的时代，尤其是活在自己的家中。任何的潮流和风格对于我们每个人而言都是一种短暂的冲击罢了，我们需要做的仅是安然而居，住在时光的田园里，活在自己的家中，做好我自己。

· 设计师手札

年轻的聂先生有着成功人士的背景，熟悉现代风格，在设计的时候，充分考虑聂先生的需求，充分地利用有价值的空间，在点、面、块做到使用与美观的高度统一，在色彩用极简的手法与造型达到完美的结合。本案以“黑白为基调”，美学上推崇“黑白经典”，在居室的空间的处理上，力求表现自然轻松的情趣，设计上讲求黑白纯色关系，注重大小色块间的组合，地域性的后期配饰融入设计风格之中。在室内，窗帘、桌巾、沙发套、灯罩等均以新古典风格为主。素雅的主卧以小细纹格子图案也是常用的现代元素，采用低彩度、线条简单且修边浑圆的皮质家具与黑色玻璃吊灯相得益彰。马塞克和玻璃花瓶是现代的标榜，与花园的设计遥相呼应，充分体现聂先生的双面修养和生活的至高境界。

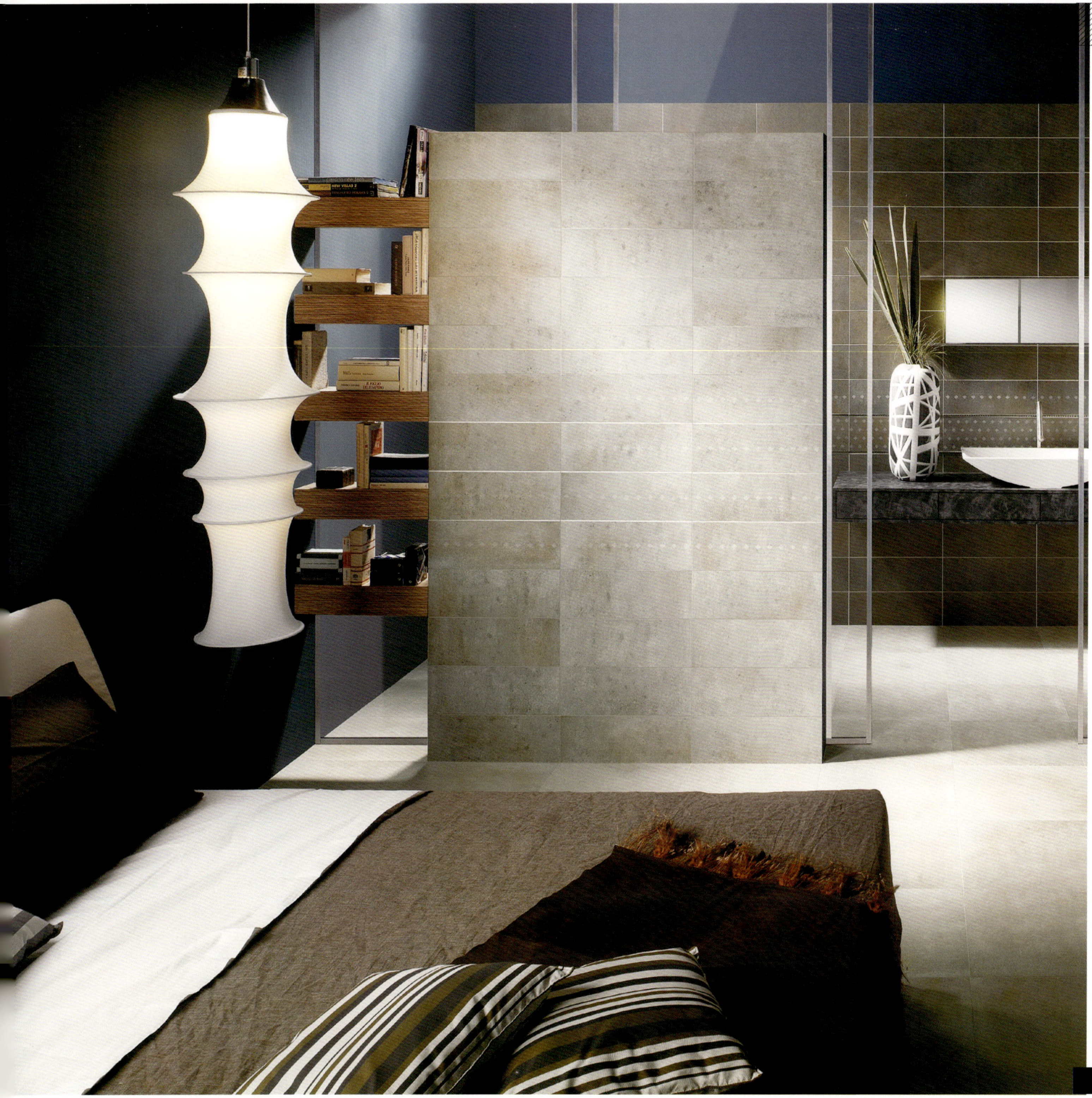

星艺
24
细节

卫生间之爱四

女人的私密空间，
更应该有一个独用的浴室，
与床只一步之遥，
隔帘而望，惬意舒适。

Case XX
卿有丹诗韵 我自雅然居

对于一个更高层次地纯粹追求将精神的艺术享受着重强调的人而言，或许，在这样的一处浓厚传统的中式空间中，最重要的影响和标识便是那洋溢在诗画间的怡情自得，乐居于自然中陶然流恋。

星艺·阆品设计

项目地点：美的林城时代
设计风格：中式
主要材料：大理石、雕花花格、茶镜、墙纸等

·设计背后的故事

“水泊东流诗，酒醉华清池。半梦半夜至，呓语更相思。”当我偶然翻开当年这首大学挚友Q写下而最终成功帮助他追到现在妻子L的小诗时，我不禁想起了曾经那个对于中式传统文化有着独特偏爱的Q。多年的打拼并没有磨灭Q对生活、对精神的热爱与追求，每当我们难得一聚坐在一起喝茶吃饭时，他依然是那个乐于吟诗作赋、陶然忘我的所谓“纯粹精神主义者”，而故事就从这里开始。

予君词韵，不负诗心

去年三月，早春过后一个阳光灿烂的上午，Q特意从上海乘飞机来找到我，说是有最重要的事情要与我说。3个小时后我们在机场见面，Q刚一看到我就迫不及待地对我说道：“我在美的·林城时代买了一处房子，前期的准备都结束了，现在就差装修了。好兄弟，这次我亲自过来拜访你，是想请你为我完成这个家的设计。”我自是欣然答应。我知道Q是一个执着于精神享受，并且对居住环境和空间质感有些甚至显得偏执的狂热。要创造一处中式风格的居家空间于我而言并不困难，而这次，我决定将此当作一次艺术与生活相互融合、相互彰显，最大限度地表达生活与审美的创作来对待。这似乎更像是一种圆梦的过程。

雅居于景，乐而忘忧

于是，我为Q的新家布置了传统的中式家具，以它们的沉稳朴实淡看岁月的风雨不惊；中正平和、古朴浓重的艺术形式和对称布局的应用也在餐厅、客厅的空间错落中整体显现。格调高雅、造型朴素的传统家具跟工艺品，在不经意间追忆着过去的美好岁月。移步堂前，宁静致远的典雅富丽清晰可见。

客厅与娱乐室之间的窗格雕花使整个空间隔而不断的风情体现十足，无论从哪个角度来讲都是一道美景。电视背景大面积的爵士白大理石就像一幅大泼墨的水墨画，随意洒脱地营造出一个中国风浓烈的家居氛围；绿植的点缀增添了自然的气息，消减了古朴与厚重带来的负面效果；自古至今的文人雅士都是有着严重的绿植情缘，梅兰竹菊，这一切都因绿植的添入增添了无限的生命力；典型的中式雕花蕴含着传统的古典情怀，窗格处阳光明媚，满室馨香……

· 设计师手札

一个民族的传统文化历经数千年的风风雨雨，是留存于人们的精神之中而无法被忽略的。艺术设计作为一种文化，它和民族文化密不可分，二者相互融洽，又相互体现。如何运用现代手法去诠释中式的传统文化？在本案中，经过精心的设计考虑，最终采用中式文化的“神”和中式风格的“意”来突破，给人一种全新的中式理念。

一方面，这样的设计是讲求功能实用性与艺术审美性的相得益彰，经过合理的构造、细节的打磨后将传统中式的美感与现代生活的实用主义结合一起。另一方面，通过家具的陈设、空间的划分来将生活区域巧妙隔开，满足于不同层次的需求，也极大地便利了日常生活。

· 思考 在完工之后

回望过去到现在——新中式风格的意义

对于文化的传承，最好的方式不是固守不变，而是更加深度拓延地发扬光大。在讲求大气华美、气势恢宏的中式家装文化中，新中式风格的改变可以说正是这样的一种很好的传承。新中式风格是中国传统风格文化意义在当前时代背景下的演绎，是对中国当代文化充分理解基础上的当代设计。“新中式”风格不是纯粹的元素堆砌，而是通过对传统文化的认识，将现代元素和传统元素结合在一起，以现代人的审美需求来打造富有传统韵味的事物，让传统艺术的脉络传承下去。而我们的全新居家时代，需要的是更多真正意义上的传承，而少一些因循守旧与停滞不前。

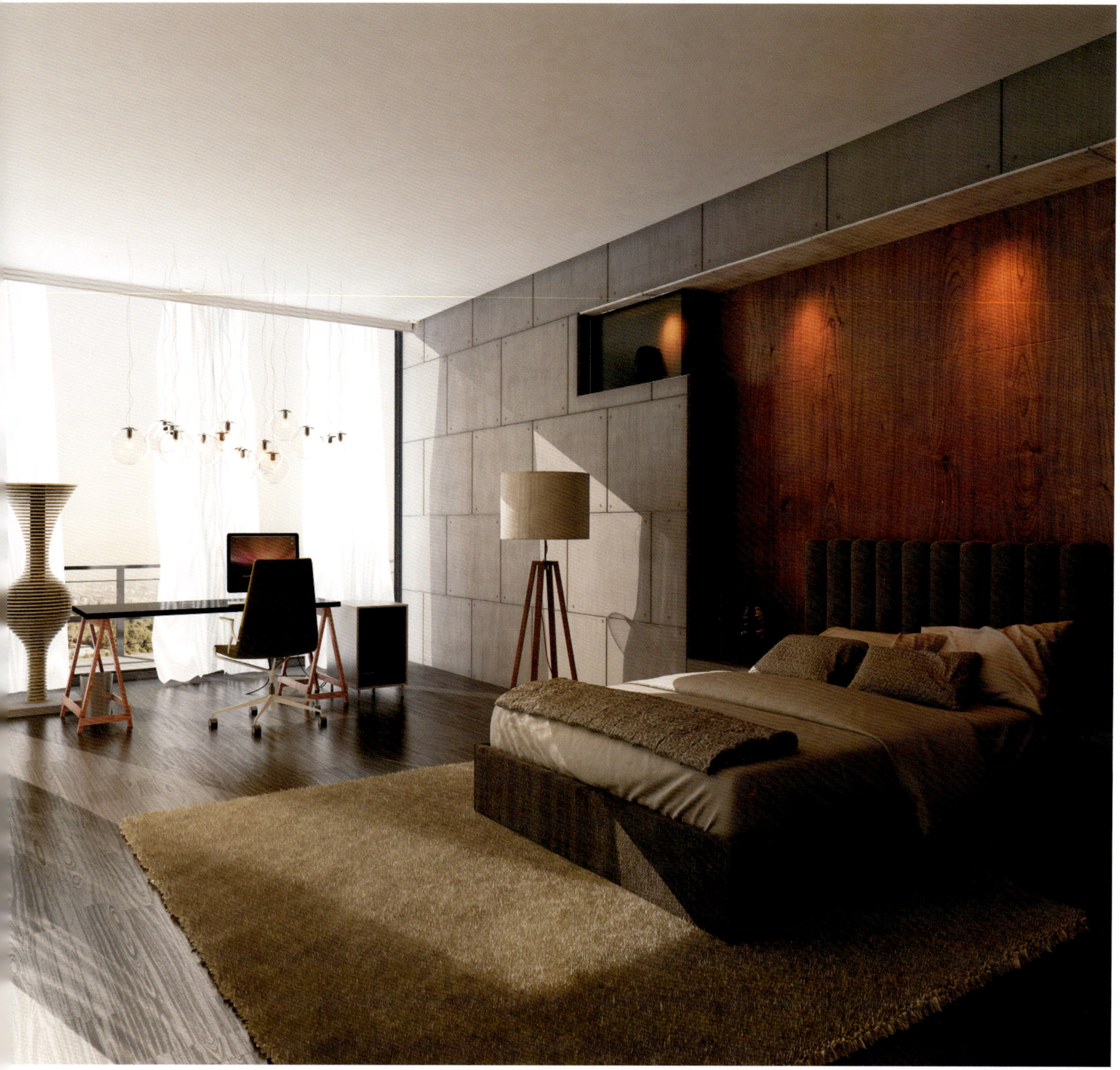

星艺24细节

卧室之爱一

如果工作总是袭扰着我们，
卧室的一方工作空间，便可解决，
休闲时，这里也可写写博客，
累了就随床躺下。

设计师：**杨磊**
Yang Lei

设计师：**涂天宝**
Tu Tianbao

项目地点：金华世家
设计风格：新中式
主要材料：抛光砖、大理石、玻璃马赛克、桑拿板、墙纸等、家具按照新古典欧式定制

Case XXI
家族的徽章

我想回到那个老去的中国，
那里的人们依然注重血统，那里的人们依然以亲情为傲。
父母在不远游，孩子在父母的身边一点点长大，
父亲经历了孩子的每一个成长的过程。

·设计背后的故事

给你一个字，你能想到什么？

我用6个月的时间回答了这个问题。

这是一次完全意义上的命题作文，依据业主仅有的一点资料进行一次全面的发挥，而在设计之初我手中所搜集到的资料可以说是少得可怜，甚至与业主的沟通也是有限的电话联系。

对于一个设计师而言，最为苦恼的恐怕莫过于此。

中式元素、定制系统以及业主的姓氏和基本的家庭情况，这些就是我能够发挥的空间，也是唯一的主题。

一个字能代表什么？

当我面对着窗外的夜色时，许多曾经经历过的事情，许多听闻过的故事接踵而来，古老的茶马古道，那些有关中国古老姓氏的起源，许许多多中国古典建筑的形态，北方的天高地远，南方的小桥流水……

方

中国风，在更多的时候，并非表现在陈设和布置上，而是空间的整体尺度。讲求方正中庸的尺度，每一寸空间都有着固定的传统和讲究，所以在空间的设计上，我更多地保留了原始建筑的形态，而适当改变融入了方正。

在结合业主姓氏贯穿了整个设计时，马形状的椅脚、装饰品、以及名画墙纸，每样都是量身定制，独一无二。家具以中式为基调，加入设计，融入了业主本身的特性元素，通过阆品定制系统实现了个性空间，让空间整体充实而底蕴绵长。

中式的精髓是除了个性和风格外往往能够把家庭乃至家族、民族的文化和符号融进居家内——中式，是一种文化底蕴。

念

虽然这次设计在本质上是一次定制形式，但是并没有过多的去考虑究竟需要展示什么，而更多的是将所有的东西一念贯穿。

从基础装修到软装配饰搭配，完全一手包办，不但彻底地表现了中式的相对柔美的一面，更是引入了中式以外甚至中西结合的元素，打破了传统的中式缺乏舒适性的缺点。

在细节方面，除了功能上的满足外，还加上了马脚家具、官帽造型的餐椅、马文化象征的饰品等等独特处理。客厅的灯是中式的回型造型，但材质特意选用了现代的不锈钢材质。

故意打破了限制，全屋的灯饰都选用稍微轻快的感觉而不限于传统中式灯（但会考虑有中式元素例如刺绣等），柔软的材质避免很多中式里面灯饰的压抑和危险感。整套别墅无论是整体还是细节都务求充满内涵，更体现业主个性化。

· 设计师手札

这个设计是对中国传统家族基因的一次敬礼。

我们不仅要知道走向何处，更是要知道自己来自何处。家、家族，这个概念永远无法被抹杀。而此时，一座传承着家族血统基因的房子无疑就是最为合适不过了。

如何去表达，最后，把设计的重点体现在陈设布置上。用颜色和空间装饰出中华传统文化的一脉相承，用陈设和布置将家族的姓氏基因淋漓展现。

从设计到落实，中间的距离往往很大，尤其是当前期的沟通不到位的时候，这个时候需要做的就是填补。因此文化积淀、材质修养就是设计师的必修课和必备品质，也是终其一生都需要摸索的要务。

· 思考 在完工之后

中式生活归去来兮

每谈中式，总是会令人不自觉想起时光的概念。其实“时光”不免飘渺，有时候，时光并没有带走什么。该怎样布置来顺应风水？以怎样的陈设更怡然人心？传统中式设计文化所沿袭的气质、韵味，乃至色泽的考究、材质的甄选，始终是代代传承下来的“规矩”。中式风格讲求融合庄重与优雅的双重气质，而生活也本当是为了舒适顺心而设。

中式生活，应该要成为一种追溯源起，从中汲寻关于修禅养心、雨润露滋的自然，也可以从中感受宁静致远、淡泊明志的云淡风轻。当然，文化是从来不可丢掉的。中国人历来爱马，喜欢独具质感的色系，最好是如同苍树灵空、幽谷还音的诗意般朦胧，却又让人不忍割舍，那便是真的将艺术与生活完美地结合起来，让家的空间成为最好的品位之地。

所以常在不经意的遐想中，衡量中式生活的归去来。如沐清风，舒爽而自然；如赏秋月，恣意而满足。流于自然，而后复归自然，这便是答案了吧。

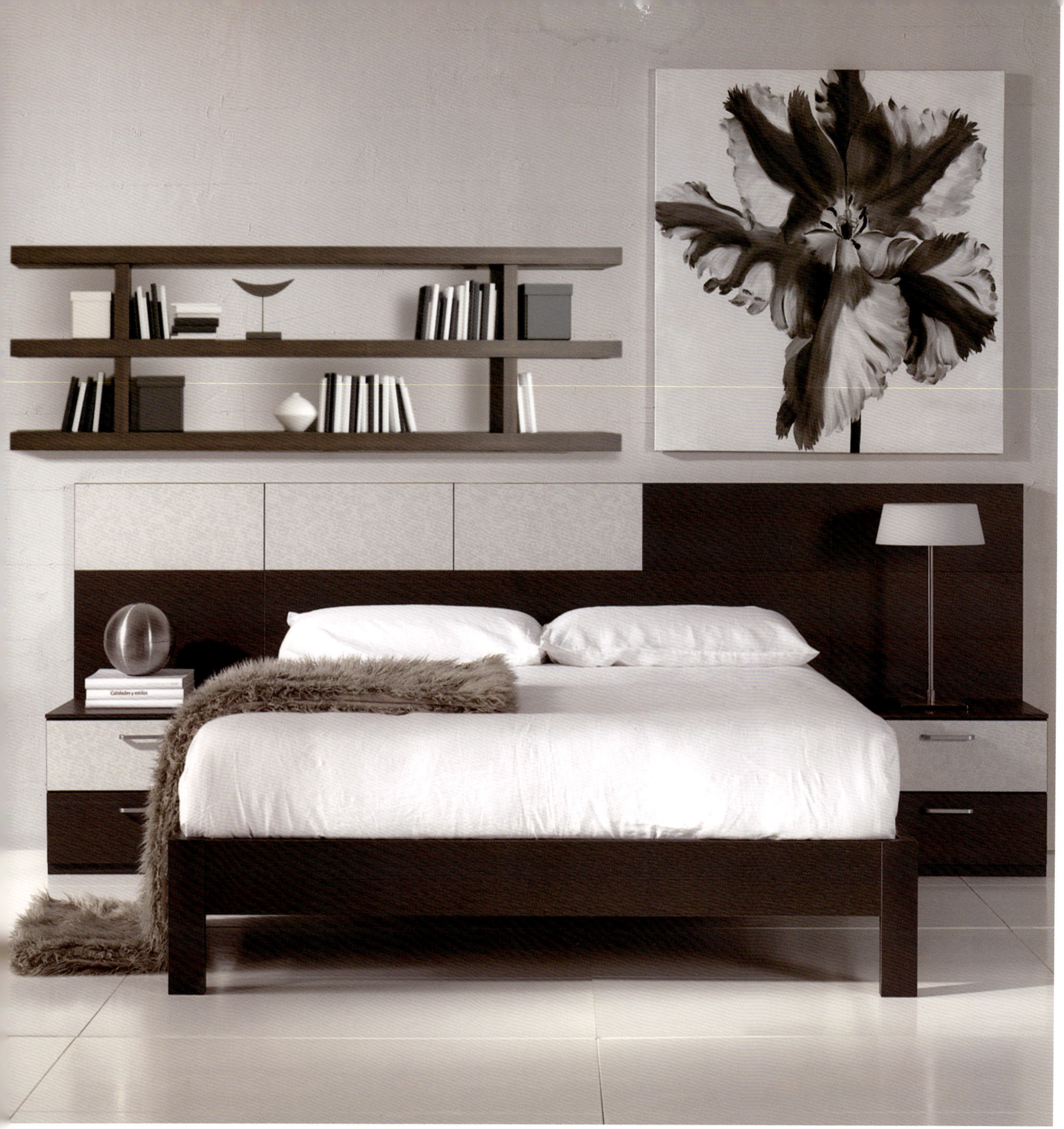

星艺
24
细节

卧室之爱二

两人的房间，
电视是营造情调的附加，
书柜可搬进卧室，
也可挂式地安置在床后，
入睡前从后挑一本随便翻翻，
睡了，就合上，搁在柜子上，
生活可以更安逸。

Case XXII
澜心居岁月留痕

谁能拒绝岁月精雕细刻的纹饰?
谁能拒绝浓情温热的下午茶?
久违的心意与畅想，
那些无法释怀的场景请你为我停留。

&

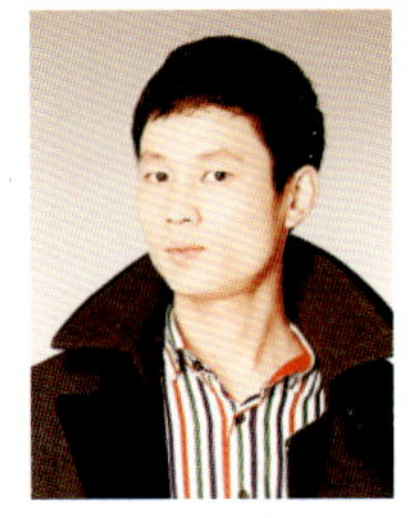

设计师：**罗珍**
Luo Zhen

设计师：**李朝武**
Li Chaowu

项目地点：保利春天大道
设计风格：东南亚、简中混搭
主要材料：实木家具、实木花格、防古砖、墙画、墙纸等

· 设计背后的故事

有人居家，舒适之余更多地为了彰显。身份的尊贵、品位的高雅、居家的奢侈，都要在那一隅框定的空间内通过事物的堆积与形式的变换来烘托。有人居家，要的就简单得多。他们或许有足够的财力物力，也不会太过于花费心机去设置太多的东西来充斥家中。随心而至，让自己能够最舒适、最得体，也是最轻松、最自然地栖息于此，便是最理想的状态，他们觉得恰到好处的满足就可以了。故而，知足常乐。家，为何而装？每个人的答案不同，这也才有了丰富多彩的故事。知性温柔、宛如丽水的业主叶子，便是第二种人。这一份与美的相遇相依，反倒成了一场艺术的栖居。

水无常形，引心自然而居

当我与叶子初次相识，侃侃而谈关于人生、关于居家、关于设计的话题时，她就已经为自己日后朝夕相伴的这个家定下了独特的定义："我对家的定义是身体和心灵的栖息之地。前者，舒适、温暖；后者，自由、丰富。当然，从你的角度出发，前者需要务实，后者可以写意。"我置之一笑，我自然明白设计的原则是功能性与视觉效果互为表里，不可偏废。令我感到欣慰的是，在设计之前，叶子就已经非常清楚自己的心意，她还特意选好了所有的家具之后才找到我，让我来将她的个性化的居家哲学完全展现出来。后来，当整个空间全面呈现在我的眼前时，赏心悦目的同时令我更加欣赏叶子当初独具的慧眼。

“来，给你欣赏一下我亲自选定的家具吧。”叶子拿出她的电脑，打开了她细心制作的幻灯片。当我看到这套家具的时候，就被它深深吸引：自然的木纹、简洁的款式、精致的云腾角花等一系列大小物件，在精工细作的同时尽显完美的品质。我一边情不自禁地赞叹着，一边同叶子开始讨论细则，关于居家调性的确定，关于整体风格的表现，关于生活情调的营造等，我们相谈甚欢，而日后呈现的整体空间已在我的心中有了愈加清晰的布局。

暗香疏影，双重空间的光彩

为了延续叶子挑选出来的家具的独特质感，我决定采用东南亚和简中混搭的方式来打造这个家。为此，在装修的过程中，我们还特意选择了纹路清晰、接近天空的深蓝色仿古砖，定做了一系列实木的线条和角花来融合。设计了一颗延伸到顶的大树，软配也选择了竹叶型的墙纸、藤蔓的窗帘，再加入中式水墨画做点缀，让整个空间更富有生命力。

当然，在这之外，也以阔绰的空间、灵动的功能性和实用主义确保了整个房间绝不只是空洞的摆设，而是能够让人在其中完全容纳身心的领域。谁说美一定要为功能让步？谁说功能不能和美并存？有时候，我们需要找到的，只是如何去很好地嫁接二者。而在叶子的家中，我想，便是一个很好的答案。

· 设计师手札

有了房子，不等于有了家。房子仅仅需要购买，而家需要营造。每个人心中都有一个自己的乌托邦，在那里才可以真正心神安宁地安居乐业。叶子的家，于我而言是一次与众不同的设计经历，一个知性女人的家居梦想，一次直截了当的命题作文。有了个性化的诉求，设计才可能找到起点；找到表达个性化诉求的手段，设计才可能到达终点。设计走到最后，已经无所谓创意与风格，而是每个人对生活的理解、对文化的涉猎、对情感的领悟，这也正是“功夫在诗外”的意义吧。

• 思考 在完工之后

不加粉饰 回归初心

时代的节奏太快，快得令现代人就连选择最重要的居家时都会迷失心性。如今，我们已经习惯于粉饰。粉饰外表，粉饰经历，粉饰行为，粉饰生活。清风徐来，幡然醒悟，原来粉饰得越多，离内心的美好反而越远。

几乎每个家，都从零开始营造。家徒四壁，恰恰给了我们一次自我表达的机会，让我们可以在喧嚣之中叩问内心，让我们静下心来仔细地思考：要呈现怎样的一个我，要住进怎样的一个家？

撩开渐欲迷人眼的乱花迷雾，不加粉饰，回归初心。一个依循内心所向，用平实的细节、丰富的情感和真诚的体验融汇而成的家，便是每个人身在其中最坦诚美好的心灵写照。

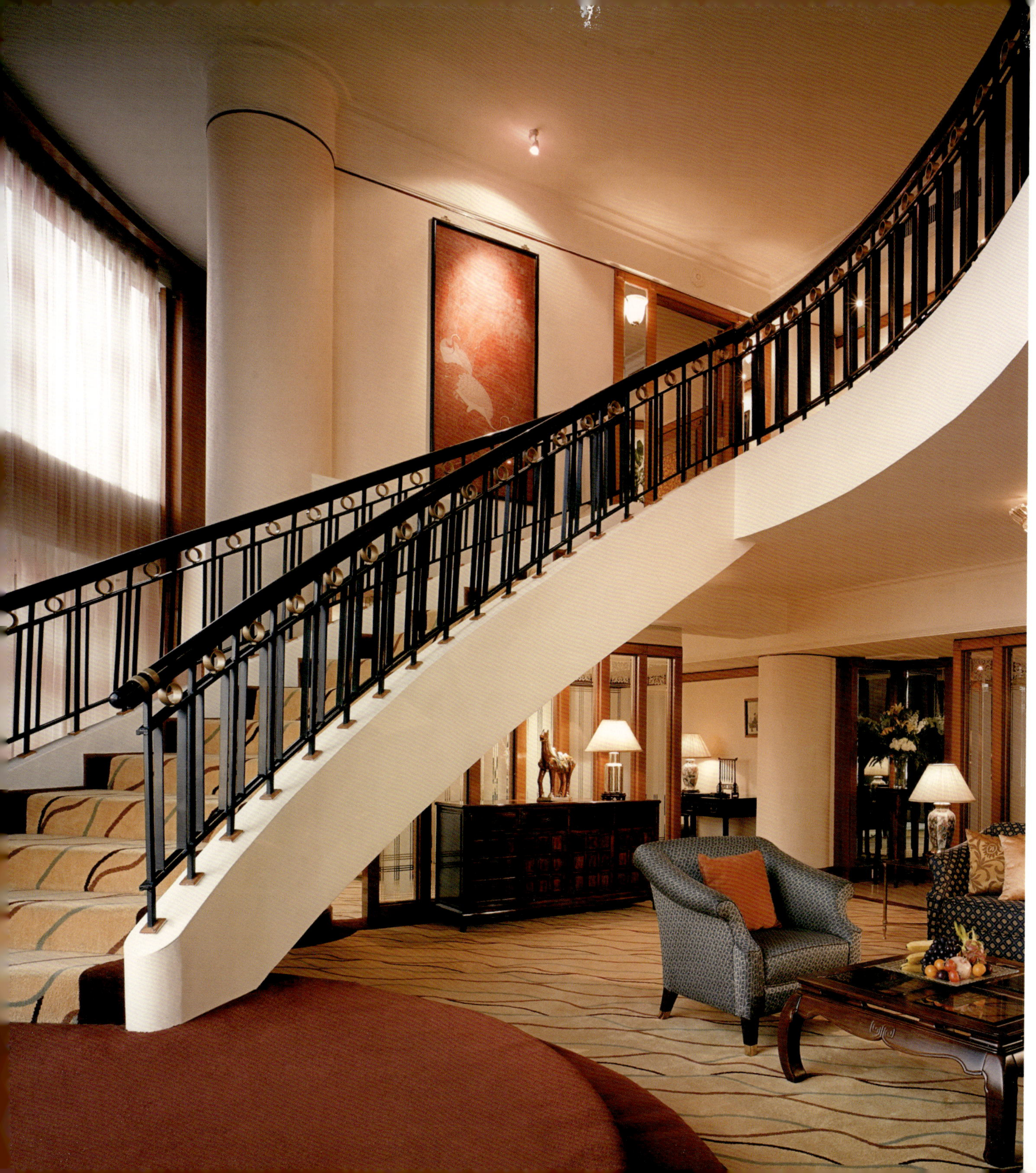

星艺
24
细节

楼梯之爱一

一面巨画，跨越了楼梯，
人生得意时笑看成功，
人生失意时笑看挫折，
上下之间，
仅一幅画就可让你顿悟，
空间的灵性赋予人动力。

24个细节
24种爱

Case XXIII

绝世独立，儒商为居

阿什莱挽着郝斯嘉的手沿着富丽堂皇的旋转楼梯缓缓而下，
在美利坚那个最为波澜壮阔的时代营造了无可比拟的神奇魔力，
时至今日，《乱世佳人》中的经典形象依然闪耀着动人心魄的光辉。
时光荏苒了千年之后，跨过无边无际的太平洋，
在地球的另一端，我们再次邂逅了这动人心魄的美，
偶拾了另一朵相似的花。

&

设计师：**李幼群**
Li Youqun

设计师：**白庆聪**
Bai Qingcong

设计风格：新古典风格
主要材料：大理石、护墙板、墙纸、硬包

· 设计背后的故事

这是一个复杂的设计，也是一次具有挑战性的创造。

居室主人是一位具有中国传统文化底蕴的儒商，首先要求居室具有传统文化风味，此外他还是一位浪漫的时尚达人，很是喜欢欧式的浪漫气息，这两者的结合在一开始就是个难题。二者之间，谁为主、谁为次，谁主导、谁配合，这是本案首先需要定论的中心。

| 功用打败风格 |

传统文化的底蕴，国外多年的浮居生活，浪漫天然性格，自由舒适的生活习惯，广交好友的乐趣等，当这些具有鲜明特色的标签经过长久的沟通交流后逐渐浮上水面的时候，这次的设计也找到了中心。

这早已经不再是一个风格主导的时代，任何的事物最终的目的都是为了实用，所以此次设计的中心也是功用，而风格仅是一根龙骨而已，在此基础上各种符合居室主人生活所需的元素和空间被添加其间。

欧式新古典风格被作为全套居室的龙骨，中式山水画与西式油画巧妙搭配其间，既有山水画的意境，又有油画的厚重，并与整个空间的风格相统一，画幅贯穿于一到二楼的旋转楼梯，置身在楼梯中，仿佛登上了泰山之巅，有一种气壮山河之感。

旋转楼梯的运用不但让空间变得活跃起来，更是以旋转楼梯为通道将上下两层空间组合搭配起来，将开放性与私密性彼此交融，又体现出曲径通幽般的妙趣。试想在盛大的家庭宴会上，高贵的男主人手挽着美丽太太，从这座螺旋型楼梯缓缓走下，会给所有的来宾带来一个怎样的惊喜。

宽阔的大客厅能够容纳足够的亲朋好友，旁边的三角钢琴弹奏出美妙的音乐，更是增强了欢乐的气氛。中西厨房的设置无疑是对中国民情最细致的考虑，将生活的需要与浪漫的需求完美统一。进门右侧的更换室满足了空间生活的同时，带来了更多的尊贵感觉。

妙笔生活，点睛以求

作为一位事业有成而又颇具胸怀的成功人士，居室除了满足基本的功用之外，更是人生乐趣与个性居家生活的承载地。

在原房型图上开凿出回廊设计，配之以壁龛设计，为居室带来了很重要的回旋空间。主卧室的设计则完全满足了居室主人的习惯：爱好在床上看书，就在床头设置了放书的位置及合理的灯光；习惯于享受周末的午后时光，泡上一壶英式红茶，翻翻近期的杂志，和妻子聊聊孩子的情况和生活，就让空间留出足够的余地满足这种需求。

洗手间的周全设计也让男女业主更愿意留在家中，享受不出门的舒适，同时还能体会到更多夫妻交流带来的情感升华。超大的衣帽间更是满足了业主的方便与乐趣。三楼的公主楼则是兼休闲娱乐与个人社交活动的好空间，在这里可以有充分的个性体现。在这样的空间里方能培养出来大方、能干、人际关系很好的未来接班人。有了这个公主楼，无论外面的天气怎样，依然可以准时地与周末的下午茶约会。

· 设计师手札

为有自身思想定位的人士设计居家往往要更难一些，他们通常对生活有着自己的理解，也有着极为明确的要求，此时设计师与其说是在提供设计，不如说是在接受考验。设计师与居室主人在沟通中彼此审视对方，通过语言将彼此的思想袒露出来，最终搭建一座桥梁，在思想的共融中完成一个真正有底蕴的设计。

· 思考 在完工之后

我们设计的是什么？
只是生活罢了。

这是一个去风格化的时代，风格早已不再是吸引客户的噱头，也早已无法再吸引到什么，现在的客户理性地在众多设计师中寻找一位真正适合自己的，他们寻找的是生活而非风格。而设计师们，这个时候必然要拥有扎实的功底，不单只设计，更是生活。设计师首先应该是一位生活家，唯其如此方能让自己的作品打动人、感染人。没有丰厚的生活累积，任何华丽最终呈现出的仅是漂亮的空中楼阁，而非符合大众的生活。

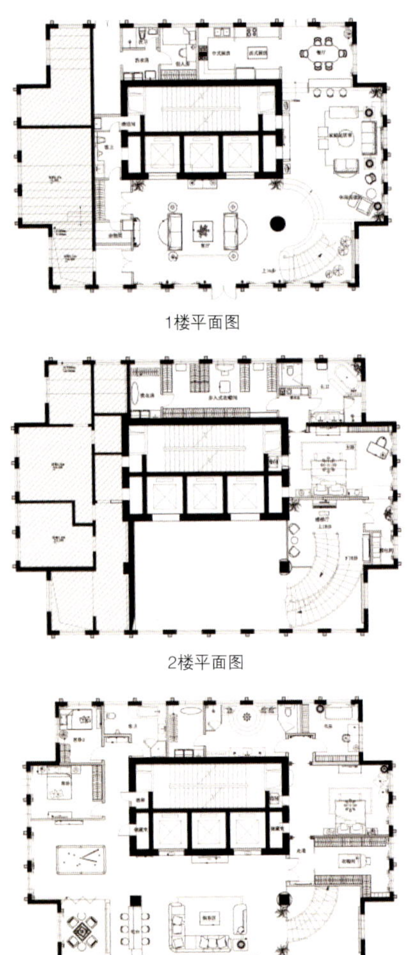

1楼平面图

2楼平面图

3楼平面图

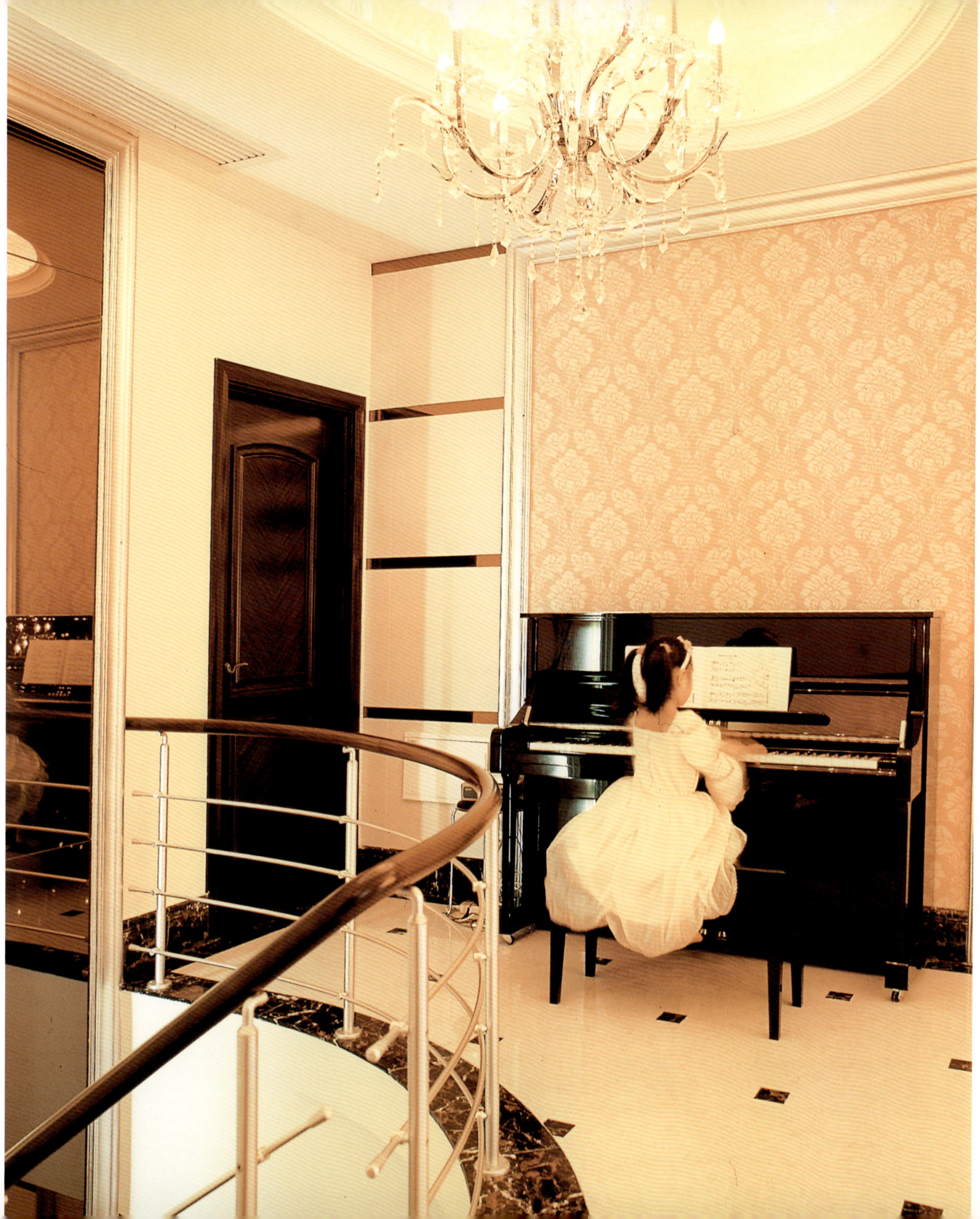

星艺24细节

楼梯之爱二

在外奔波了一天，
攀上楼，一架钢琴，
想起女儿弹奏时的身影，
倦意成了诗意，
空间的灵性赋予人暖意。

24个细节
24种爱

设计师：**李幼群**
Li Youqun

&

设计师：**邢远鹏**
Xing Yuanpeng

项目地点：都市国际
设计风格：贵族游艇家居
主要材料：地砖、拼花木地板、工艺墙漆、黑檀饰面、护墙板、拼花大理石等

Case XXIV
空中别墅
贵族的游艇生活

给我一艘船，载着梦想与希望远航
给我一艘船，携着家人与幸福驶向远方的海岸
给我一艘船，让平静的海洋泛起波涛
给我一艘船，载着鲜花与彼岸回归

· 设计背后的故事

有人说我们的人生就是一艘驶向未知的小船，无法注定的起航驶向同样无法注定的终点，我们每个人的宿命就是在波涛汹涌的行程中承受风浪的洗礼。其实，我们每个人都不是孤单的，在生命的旅程中，我们不断地与许多人擦肩，不断地与一些人交叉人生的轨迹，前者我们在这座城市中每天都遇到，后者一如我和P。

高贵的姿态，悠闲的放松

我和P很早之前就认识了，那时候星艺装饰来到贵阳不久，奥运会还在紧锣密鼓地准备中，香港正在庆祝回归祖国十周年，金融危机正在席卷着小小的地球村，站在2007的时间点上，在星艺装饰的接待厅中我和P第一次相遇。那时，我是设计师，P是我的客户。

在当今，中国人的一辈子也许就买一次房子、装一次房子、找一次设计师，只是世事难料，在此后短短的五年时间中，我和P却是数次接触，2007年的一套房子，之后则是一套平层一套别墅，还有现在的这个两套平层项目，五年时间四套房子，我们要是还不能成为朋友才是怪事。

很多人都想当然地认为设计师为熟悉的人设计更为方便，也会更为出彩，当然一次两次确实如此，不需要花费太多的时间去探寻，就能够完美地知道对方的需要，将对方内心深处的居家愿望呈现出来。但是三次四次就不再如此了，毕竟熟能生巧，熟也能生厌。况且为一个人设计一套房子很容易，但是要设计四套房子就有难度了，毕竟拿几年前的东西出来，就有忽悠的嫌疑了，这也对不起朋友。

因此在这次的两套平层打通项目中，依据P的一些要求和我的一些累积，大胆决定来上一次与众不同，至少要与以往的东西完全割裂开来。最后就有了这次的“贵族游艇生活”，用生活的设施氛围追求一种“高贵的放松”的生活意境。

设计改变生活，设计创造幸福

本案设计充分利用相对宽松的房屋户型特点，通过整体的功能安排和局部的细节调整，以及星艺装饰贵阳公司得天独厚的阆品软配，以求视觉与美学的完美结合。在设计上，整体空间定位为独特、奢华、大气、温馨。设计主色调多采用了浅米黄色、白色、檀木色。在配饰方面，主要选用了星艺阆品游艇家具、布艺和石材台面。

原建房子户型无过渡空间，未设置一些必要功能设施，不便维持室内的清洁。在设计时，从玄关、过道等细节入手，采用多功能组合的收纳系统、独立的内外过渡空间，充分表现出空间的舒适和大气。调整后，一进门，就能感受到天地呼应的和美氛围。客厅、餐厅、厨房、书房连为一体，大气连贯。主卧更是大胆出彩，把原来狭小的卫生间设计成如此高品质的五星级卫生间，让人惊喜连连。小孩是家庭的未来，所有的付出都是为了“爱”，男孩、女孩房间的设计都是带独立书房、衣帽间的设计，为未来培养接班人打下基础。

设计师手札

推陈出新，这不仅是设计作品，更是设计对象。面对新鲜的“题材”，要打出一些亮点并不难，难的的是面对一个早已烂熟于心的“题材”依然能够挖掘出新的亮点，绽放出新的光彩。

设计师，在更多时候所扮演的角色正是一位挖掘师，挖掘市场需求、挖掘设计题材、挖掘自身成长空间，当我们能够在一个普通乃至是早已烂熟的对象身上再次探寻出新的亮点时，距离成功就已经不远了。

思考 在完工之后

走过爱情，
留住的是亲情

职业倦怠，这似乎是一个永恒的职场主题，其实何止是职场，在我们的一生中，总是会遇到各种各样的风景，喜新厌旧也自然而然成为一种隐性的骨髓性格。无论承认与否，物质越丰盛，我们也越习惯于喜新厌旧，因此面对一件事物，我们往往难以保持长久的兴趣，事物如此，人亦如此。正如有人提出，成功的夫妻能够在结婚三年时间内将爱情转变为亲情，生活亦何尝不是如此，当爱情的甜蜜结束后，亲情的相互依靠正是我们所需要的。

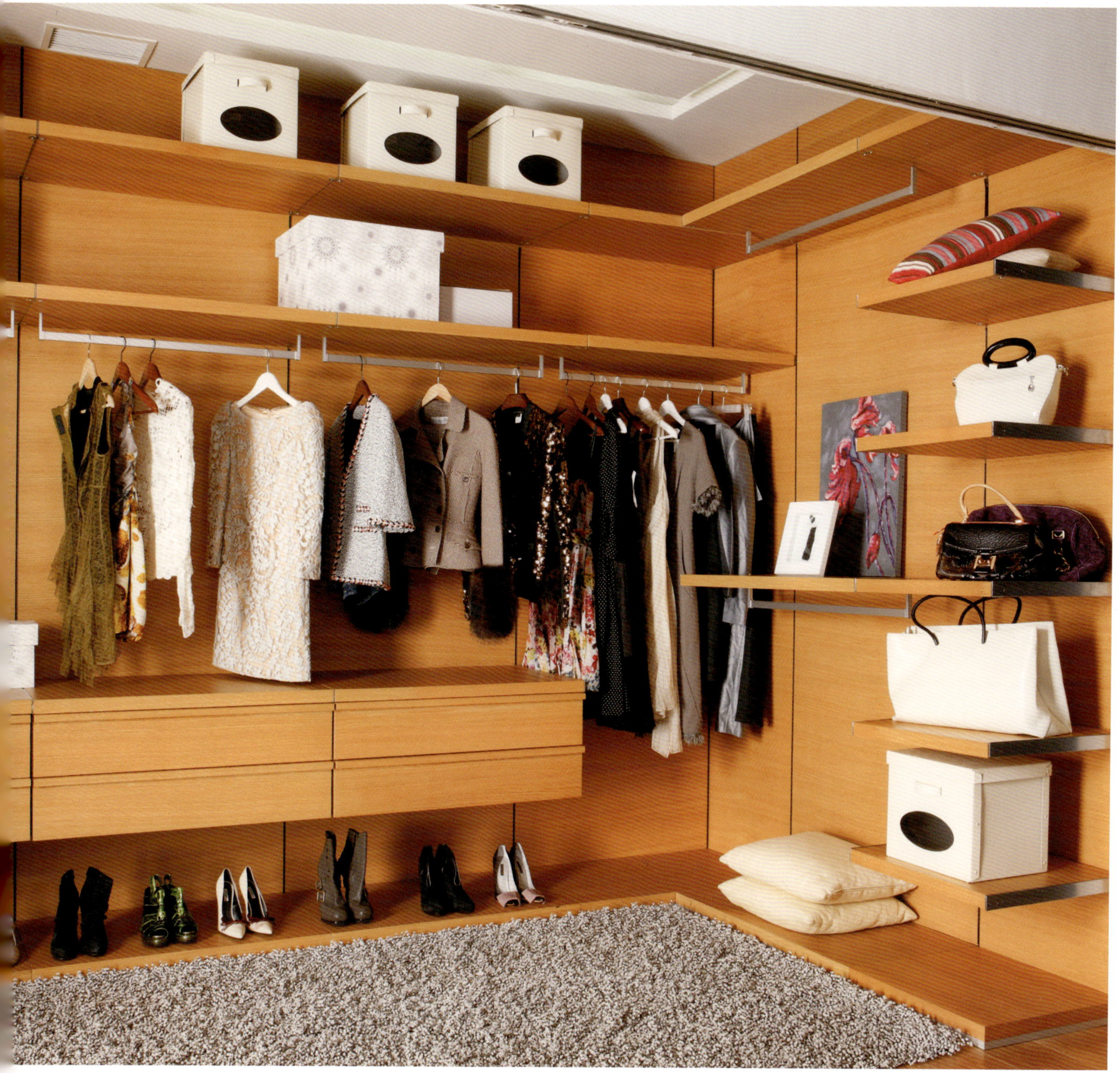

「星艺24细节」

衣柜之爱

女人应该有自己的专用衣柜，
是敞开的，
按了格调款式而分门别类，
休闲运动的、旅游的、聚会的，
游泳的、夜晚的，像服饰专卖店的品位。

历练

喜欢冬天的人偏爱理性思维，

这样把世界看得更透彻。

而透彻又成为一切烦恼的根源，

因为你无法对自己救赎。

绚丽使人迷恋，历练使人成长，

经历过绚丽人生尔后依然能够接受生活的默片，

这样才是完整而厚重的人生。

没有冬天的练与藏，哪来春天的生与长。

冬天来了，春天还会远吗？一年又一年。

冬藏·*PART 3*

缔造信仰

古罗马城建筑先进、繁荣、设计精湛，康斯坦丁大帝统治时期，古罗马城城墙长20.8公里，拥有参议院、大会堂、剧院、浴室和圆形竞技场，内部装饰有精美的壁画雕塑，“罗马和平”降临后的200年间，罗马帝国兴起城市化运动，仅在意大利境内就有1197座新城，共生共荣，互为驰援。

“罗马不是一天建成的”，任何伟大的成就，都不是简单达成，而是经由很多人、很多努力，大家目标一致、合力一处，才能够恢宏实现。子曰：德不孤，必有邻。

从寻找信仰到缔造信仰，星艺致力于设计美好家园，星艺也是星艺人心灵共栖的军队、学校、家。

美哉设计

正如那个著名的佛陀寓言一样，个体的生命和智慧注定要消陨在时光的长河里，唯有集体的荣光会随着时间的传递而日渐丰满。一代代的建筑大师们已然作古，但是那些古老的建筑却盎然伫立在天地间，为那些人、那些事留下一份沉淀的纪念。星艺装饰，怀揣着一份缅怀的朝拜之心，以艺术的名义远赴重洋，瞻仰建筑、缅怀设计，对话古典、把话当代，有人说他们是在考察学习，他们自己则说，我们在祭奠美。

Touch in Nature

本真触碰——我们的理念源自深层的感受

在法国，当中国人开始一天忙碌的时候，我们却与一座理想中繁忙的城市在一种悠闲、宁静的气氛中相遇。这种相遇仿佛让每一位同行的设计师与一个未知的自己不期而遇一般。对于生活的理解、对于设计的价值诉求、对于艺术的感悟似乎就在飞机着陆的一刹那，开始了潜移默化的转变。

时差并没有成为大家的困扰，从落地的一刻，一直念想着设计的我们就已融合在这座城市之中。大部分人也许是因为或多或少都带有一些工作的态度，这也与我们一直身处在繁忙的工作与快节奏的都市生活中，渐渐麻木了对生活细节的感受有关。然而，信步在他国异域的街头，每个人原本浮躁的心灵，也被整座城市以及巴黎市民的悠闲所净化，工作与生活之间的平衡竟然被这座城市的街头巷尾以如此自然而然的方式体现出来。

一路上，不少同伴们都在用相机甚至画笔记录着设计灵感，更有些打电话回国向同行朋友分享在这里的收获，也有的按捺不住地急于在微博、在社交网站上去分享他们今年在设计灵感上的新发现。就在如斯展现出来的一片本真生活所包含着的自在、轻松、艺术与文化等多重元素充分交恰融合的场景中，每一个时刻，进入眼里的风景都不由得打动着我们的内心深处。这是一种难以用细致的语言去全然形容与表达的思想碰撞，带给人更多的思考，所有关于城市、关于设计，也是关于空间、关于我们的生活。

空间的概念不再仅仅是属于建筑物内部，它首先是一座城市以及生活在这个城市的人们在工作与生活之间交互的过程。如果要通过设计将空间的美好感觉艺术般地呈现出来，那么就必须首先理解一座城市的整体空间感受，并把这座城市的整体空间以一种浓缩的方式表现在建筑空间之中。建筑空间实际上就是城市空间的缩影，若想把建筑空间通过设计体现生活的本质，就必须深刻体会一座城市自身的空间表达语言，并在领会之后将这种城市表达转化为空间设计语言，这也许就是空间设计艺术性以及其真正的价值所在。而要呈现这一价值，就需要设计师放下工作的状态，换一种生活的态度去品味一个城市的生命。

区别于那些游览名胜古迹的旅行者，此次同行的每一位设计师无不在以专业的空间设计视野审视着每一处建筑与空间细节，并在一次次发现设计灵感的惊喜过程中充实着自己的设计艺术修养。如果说在这片始终弥漫着浪漫的文化风情国度中，是通过建筑风格表达设计艺术的起源与传承的话，那么，每一位融入在这些建筑与设计空间中的设计师们，更是在发现起源并谦逊地将之传承。

Reture and Respect

回归与尊重

——我们的设计以实用性和人性化为标准

在游览途中，欧式建筑一脉相承的设计延续性与人文细节融入性，令人大为赞叹，令人真实感受到欧式家居文化领先之所在。随处可见的圆形穹窿、雕塑、尖塔、圣经图腾、罗马立柱等，既是欧洲宗教文化的形象标识，也让我们看到欧式人文在建筑装饰上的强烈呈现，而这种文化与建筑的融合，值得我们深思和学习。通过对建筑装饰的领略以及风土人情的感悟，加深了对欧洲古典文化的理解，也能够进一步对现代欧式设计寻根溯源，为今后的创意设计带来更多灵感。

然而，什么才是完美设计？什么才是绝佳作品？在观展后，我们也有了更多的领悟：好作品是满足人们家居生活习惯，让居者获得应用的舒适感；不仅注重外观设计的美感，更考虑到产品的设计内涵，以及对居家功能的理解和对细节的精益求精；艺术文化与使用价值相结合，让使用者的享受不仅仅在观感上，更多的是在使用中……

将如此林林总总更深层次地总结起来，那便是既要简单，让人可以充分享受；又需尊重，成就微妙的细节品质。设计的价值，在很大程度上来说，亦是生活最根本的价值所在。早在15世纪，宫廷王室成员就已经懂得发掘生活工具背后的体验价值。在行程中，我们看到很多陈列的生活器具，都没有任何使用的痕迹，询问后才得知，这些精美的器具，就是用来观赏的。这足以说明空间设计早在15世纪就已成为幸福生活的品味服务的一项活动。艺术家以自己对生活的理解，寻找与建筑使用者生活需求以及生活品位之间的契合，并最终通过高超的艺术创作技法，将这一契合完美地展现出来。也许，这便是我们始终在执着以求的——真正的空间设计——尊重生活，呈现人文之美。

这种设计的呈现是简单的，就是简单地对生活本身品味价值的尊重，就是不断回归生活本质的思维蜕变，就是由简入繁，再由繁入简的创作理念推敲，就是反复与建筑使用者沟通，帮助他们澄清内心需求，并引导他们激活对生活价值品味之心的努力。“艺术绝不仅仅是文明的包装者，艺术就是文明本身！那么，空间设计绝不是幸福生活的包装者，空间设计就是幸福生活本身！”正如美学家与实用主义哲学家约翰·杜威的这句话，这既是一种对于设计师的尊重与灵感激发，也是我们在此行中感悟至深的，一种空间设计回归于生活至真至美之中，最纯粹的定义与理解。

▲ 凯旋门白天合影

▲ 罗浮宫合影

Test the Root of Design

品 悟 设 计 内 核 ——我们的思想来自文化的传承

德国的包豪斯学院是现代设计的起源地，对于从事设计行业者来说，去包豪斯就好似穆斯林去麦加朝拜。“包豪斯”是德文Das Staatliches Bauhaus的译称。英文译名为State Building Institute。“Bauhaus”是格罗皮乌斯专门造的一个新字。“bau”在德语中是“建造”的意思，“haus”在德语中是“房子”的意思。因此“Bauhaus”就是“造房子”。从这个新造字的字面就能看出，格罗皮乌斯是试图将建筑艺术与建造技术这个已被长期分隔的领域重新结合起来。更广泛地说，艺术与工艺应该合而为一。唯有如此，才是真正的现代设计。

包豪斯在设计中注重实用需求，摒弃虚浮奢华；讲究材料自身的质地和色彩，反对附加的修饰和包装。他们注重发挥结构本身的形式美，采用不对称的构图法，灵活多样、造型简洁，他们的造型艺术风格被称为“包豪斯风格”。这种风格体现在建筑中，也体现在器皿、家具、灯具、织物等物品的设计上。有人认为“包豪斯”的成就在于创立了现代艺术教育和现代主义的设计风格。其实，创建者的明确目标，是要彻底摧毁传统的关于艺术的“神话”，这是“包豪斯”的理念中最具革命性的核心。包豪斯所尝试的，是把艺术从贵族和富人的高堂华厦中、从艺术的神坛上解放出来。它要让艺术家变成这样一种人，即能用他的灵感和技艺为千千万万人塑造美，营造舒适生活的工作空间。换句话说，在包豪斯的观念中，艺术家的

埃菲尔铁塔合影

巴黎圣母院合影

凡尔赛宫合影

圣心教堂合影

宝马总部大楼合影

任务，是让每一个人，特别是那些平凡的工人、农民、小职员，都过上“人”所应该有的生活，让每一个人都能平等地享有生活的尊严。

有幸，我们来到了这里，得以最深刻真实而具体直接地感悟这些重要地影响着世界设计文化的思想积蕴。车间操作的形式让我们整个设计团队中的每个人都亲身地体会了一把不同于国内设计的学习之路。手眼并用的劳作训练和智力训练相互并进，课堂、设计室、著名建筑的轮番上阵，学习、交流、论辩、思索。一番流程走下来，同伴们不自觉感叹：在德国学设计是很废脑子的事儿，当然也很练脑子。

在这场深度体验精彩欧洲，零距离深层感受西方艺术设计文化的旅程中，当语言不通的时候，我们用图画来交流；当习惯不融的时候，我们用笑容来包容；当理念不同的时候，我们用论道来兼收并蓄。当东方文化碰撞着西方的设计世界，令这场行程在学习交流与感受思考之余，亦成为一场文化的朝拜与融合。也许，未来的设计之路，正在于如同包豪斯所倡导的“把艺术家变成这样一种人，即能用他的灵感和技艺为千千万万人塑造美、营造舒适生活的工作者”一般，我们的设计，其内核意义，终将是归于最朴实无华的生活之中，让所有的形式也好、表现也罢，都成为创造生活之美好，成就舒适满足的生活品质，以及呈现那些真正令人可以乐在其中、享受直抵人心的生活空间。

Paris Canal

后记

2009美国游学

瑞士圣女峰

Cheer in Voiceless

无声的喝彩

用了近一个月的时间，我们终于完成了这份2013年星艺装饰的梳理和盘点，确实有点慢。

但是，慢也好，慢了才让这份盘点从开始的一个热情变成一个更完整的分享。

最初的念头只是想讲讲一个在行业里屹立了10年的公司的一些过往。可是后来想想这个行业的八卦横行，根本不用说，有传播价值的花边新闻早都人尽皆知，没有再炒的意义，更不值得去自顾自歌功颂德。反倒是在慢下来之后发现，在室内装修设计圈里一个公司能存活10年这件事本身似乎有些意义，若没有独特之处，那就当真生命力顽强了。

星艺一路走来，挺住意味着一切。那些年里，有执着的坚持，有执着的坚守，也许是这股热血劲头让星艺培养了很多设计圈的精英，也诞生出2013年成立的八大总监设计事务所。人们会欣赏好看的设计，记住的却是最有特色的那个。设计师对艺术的理解力，本身的创造力以及对业主的了解都是业主选择星艺装饰和设计师的一个原因：

坚执舍得一切品牌装饰企业惜时如金的光阴以雕琢原创精作，

就如坚执信仰；

坚执用一切品牌装饰企业无法贯穿始终的服务以精研细节，

就如坚执信仰；

坚执创新一切品牌装饰企业不能件件出新的专业追求，

就如坚执信仰；

就是坚执这三件在星艺看来最重要的品牌核心，

使得贵州星艺自一诞生便卓尔不凡。

作为装饰设计行业的国际化高端服务品牌，

星艺致力于成为“伙伴一般的坦诚”的服务生活鉴赏者。

标榜是奢侈品的外衣，

血统才是真正的高贵基因。

所有为世人拥戴的奢侈品品牌，莫不经岁月涤荡和历史长河磨洗，才终成经典。

贵州星艺，生而不凡。

用无数时间和荣耀沉淀出他们最敏锐的嗅觉和最挑剔的眼光，

以保证最好的状态，去服务最高贵的人。

而这份盘点，它让我们理解了，做事或者做公司，就如同埋下一粒种子，急不得，生命的过程就是需要时间的浸染，种子就是要慢慢成熟，这个过程谁也不能删除或省略。所以经过10年的贵州星艺走到今天，经历了一个轮回重新开始，虽然它的DNA无法被改写，但是它的未来是茂盛或贫瘠，却是我们可以努力的。我们希望让一切慢慢来，慢慢发生，这样生命的能量才能自然勃发，厚重茁壮。这将是新的生机，也是心的力量。

星艺将“创造有生命力、幸福的设计”，促生每一个人关于家的思考，读完它，我们期待，你也能找到自己，找到家。